# 数控机床结构与保养

### 主 编 李粉霞 王 馨

北京理工大学出版社
BEIJING INSTITUTE OF TECHNOLOGY PRESS

## 内 容 简 介

本书作为高等职业教育数控技术专业的专业课程教材，适用于高等院校、高职院校，也可以作为数控机床爱好者、数控技术相关岗位技术人员阅读；本书主要讲解数控机床内部机械结构组成，同样适用于机械相关专业人员使用。本书在传统教学模式的基础上将技能点和知识点重构，采用项目化引领、任务驱动形式展开。作为教材指导教学使用时，需要配合实训教学设备、以理实一体化教学方式，进行 12-14 周的教学实施，配合本书的在线教学资源使用。教材的内容主要包括数控机床概述、数控车床结构与保养、数控铣床结构与维护、数控加工中心组成四大项目模块、共十四个任务点组成。教材编写的初衷是希望通过本书让学习者认识以数控车、数控铣床、数控加工中心为代表的机床结构，从而掌握机床的机械结构工作原理，进而实现保养维护机床，达到合理使用机床的目的，并在机床出现故障时具备一定的维修技能。

**图书在版编目（CIP）数据**

数控机床结构与保养 / 李粉霞，王馨主编. —北京：
北京理工大学出版社，2023.3
ISBN 978-7-5763-2195-1

Ⅰ. ①数… Ⅱ. ①李… ②王… Ⅲ. ①数控机床-
结构②数控机床-保养 Ⅳ. ①TG659

中国国家版本馆 CIP 数据核字（2023）第 046278 号

出版发行 / 北京理工大学出版社有限责任公司
社　　址 / 北京市海淀区中关村南大街 5 号
邮　　编 / 100081
电　　话 / （010）68914775（总编室）
　　　　　 （010）82562903（教材售后服务热线）
　　　　　 （010）68944723（其他图书服务热线）
网　　址 / http://www.bitpress.com.cn
经　　销 / 全国各地新华书店
印　　刷 / 三河市天利华印刷装订有限公司
开　　本 / 787 毫米×1092 毫米　1/16
印　　张 / 13.5
插　　页 / 5　　　　　　　　　　　　　　　　责任编辑 / 多海鹏
字　　数 / 366 千字　　　　　　　　　　　　　文案编辑 / 多海鹏
版　　次 / 2023 年 3 月第 1 版　2023 年 3 月第 1 次印刷　　责任校对 / 周瑞红
定　　价 / 72.00 元　　　　　　　　　　　　　责任印制 / 李志强

# 前　言

本书是高等职业教育数控技术专业的专业课程教材，是依据教育部最新公布的职业院校数控技术专业教学标准，同时参考数控机床装调与维修操作工职业资格标准编写的，内容主要包括数控机床的选型与日常维护、数控车床的结构剖析与养护、数控铣床的结构剖析与养护、数控加工中心的选型与应用四大项目，核心在于让学习者掌握以数控车床、数控铣床、数控加工中心为代表的机床结构，从而认识机床的工作原理，进而实现保养与维护机床，达到合理使用机床的目的，并在机床出现故障时具备一定的维修技能。本书的特色如下：

1. 以提升职业技能为中心，结合工厂实际需要，将岗位职责与学生的技能学习相结合，通过项目化教学情境的应用，让学生在学中做、做中学，学生学习效果评价考核可量化，工程技能贴合企业实际需要。

2. 本书引入新工艺、新技术、新设备，体现新工科的思想，与行业发展趋势、技能发展方向一致，将职业技能竞赛新要求融入教学内容中；将"1+X"职业技能等级证书新标准融入课后考核评价体系内，紧密跟随行业的发展现状。

3. 教材在教授学生技能与知识的同时，将职业道德、职业意识渗入其中，真正的以就业为导向；教材中融入的产业实例有助于学生树立正确的职业观；章节测验中的题目设置方面，将爱岗敬业、团队精神、创新精神与基本的知识技能相结合，促进学生的德育教育。

4. 遵循职业教育特点，符合教育的一般规律，确保技术方面是可执行的、理论方面是正确先进的，将理论与实践更多地结合起来，可以作为理实一体化课程配套教材。

5. 全书的总体结构方面按照机床类型分类，四个项目逻辑顺序明确，各项目内的任务之间逻辑关系清晰，突出重点，详略得当；教材内有充分的工程图和三维模型图，有助于学生直观观察机床结构，且重点内容配备数字化教学微课资源，扫二维码即可获得，在方便学习的同时拓展了教学资源的空间，体现了"互联网+教育"的先进教学模式。

6. 每一个项目和任务环节中及结束后有少而精的测验、练习题供教学效果评价选择使用。

7. 教材附有图纸资料册，结构清晰。

本书在传统教学模式的基础上将技能点和知识点重构，采用项目化教学模式、任务驱动的方法，在有相应实训教学设备的条件下，可以进行理实一体化教学，教学周数应为12～14周。

在编写本书的过程中，参阅了国内外出版的有关教材和内容，得到了教育部中外语言交流合作中心的有益指导，评审专家对本书提出了宝贵意见，在此一并表示衷心感谢！

由于编者水平有限，书中可能存在不妥之处，恳请读者批评指正！

编　者

# 目　　录

# 项目1 数控机床的选型与日常维护

## 任务 1.1 数控机床的选型

课程导学

### 任务描述

本次任务主要围绕数控机床的类型展开，核心是认识多种车间常见数控机床的结构组成。通过本次任务旨在培养学生达到以下学习目标：

- 知识目标

（1）掌握数控机床的定义。

（2）掌握典型数控机床的结构模块组成。

- 能力目标

（1）能够辨识数控机床与普通机床。

（2）能够指出机床各组成模块。

- 素质目标

了解当前数控装备行业现状与发展趋势，对机械加工行业有自己的认识，培养学生查找先进机床技术及专业资料的能力。

### 任务实施

数控技术（Numerical Control Technology，CNC）是 20 世纪制造技术的重大成就之一，它是综合了计算机技术、自动控制技术、检测技术、机械加工技术的交叉和综合技术领域[①]。

随着科学技术的迅猛发展，数控技术的发展也日新月异，尤其是以计算机、信息技术为代表的高新技术的发展，使制造技术的内涵和外延发生了革命性的变化。

而数控机床作为先进制造业的重要战略装备，其性能决定了加工产品的质量；操作人员高的机床操作技术和信息化软件应用水平也是影响加工质量的关键，如何更好地应用数控机床源自对机床结构的认识，因此机床的结构与保养有着特别重要的意义和实用价值。结合本课程的学习目标，本任务的主要内容如下：

（1）数控技术与数控机床的概念。

（2）数控机床与普通机床的辨析。

（3）数控机床加工的优势及特点。

（4）数控机床的常见类型。

（5）数控机床的典型机械模块。

---

① 本概念源自 www.bzfxw.com 标准分享网。

## 一、数控技术与数控机床的概念

数控机床是数字控制机床（Computer Numerical Control Machine Tools）的简称，是一种利用自有的程序控制系统控制部件运动，达到切削被加工材料、获得相应尺寸形状产品的自动化机床，具有增、减材成型方式；与传统机床不同，具有数控装置是数控机床的核心。

数控机床的核心是控制系统，即数控装置。该控制系统能够逻辑地处理具有控制编码或其他符号指令规定的程序，并将其译码，用代码化的数字表示，通过信息载体输入数控装置，然后经运算处理由数控装置发出各种控制信号，控制机床的动作，按图纸要求的形状和尺寸，自动地将零件加工出来。

这里使用的控制技术称为数控技术或计算机数控技术（CNC，Computerized Numerical Control），是采用计算机实现数字程序控制的。随着信息、电子控制技术的发展，加工装备也由手动控制逐渐向自动化发展。数控机床在加工制造业中占有越来越重要的地位，它是在普通机床中加入了自动化和智能化控制手段，将传统的机床升级成数控装备。数控机床是数控装备中重要的一种。

- 学生任务

数控机床是指：_____

_____

_____

## 二、数控机床与普通机床的辨析

我国机床行业发展是从中华人民共和国成立之初开始的，当时，我国工业水平力量薄弱，金属切割类机床主要在齐齐哈尔、沈阳、大连、昆明等城市的少数企业具备生产能力。生产的机床以车床为例，刀架的进给主要是依靠操作工人手摇控制杆实现，加工产品的质量和效率主要依赖于操作工人的技术能力和熟练程度；主轴的转速也是需要操作工人转动摇杆来控制。经过数十年的发展，目前我国机床水平已经有了长足的进步，以华中数控、北京凯恩帝、济南第一机床厂、北京机床厂等为代表的机床生产厂家可以生产出依靠数控系统直接控制主轴转速与加工进给的机床，机床的运行已经实现计算机自主控制，真正实现了机床的自动控制。对比中华人民共和国成立之初，可以看到机床自主控制的能力在提升，加工产品的质量受操作者水平差异的影响越来越小。

一般认为数控机床是严格按照加工程序所规定的参数及动作来执行零件的加工过程的，它是一种高效能的自动或半自动机床。与普通机床相比，人为干预对于加工的影响更小，数控加工可靠性更高。

图 1-1-1 所示为普通车床，与之对应的图 1-1-2 所示为数控车床，对比观察不难发现，数控车床相较于普通车床具有更完整的防护装置，同时可以看到数控车床配有独立的计算机控制面板，从控制方面来说，后者的控制更加智能，内部安装的电动机也具备执行反馈功能，在车床内部也安装有诸如光栅尺、编码器的检测反馈元件，这有利于精度的提高以及车床自动控制功能的实现。

图 1-1-1　普通车床

图 1-1-2　数控车床

● 学生任务

如何判断一款机床是否是数控机床？有何依据？

_____

_____

_____

_____

## 三、数控机床加工的优势及特点

根据前面所述，不难推断数控机床具备以下特点：

（1）零件加工的适应性强、灵活性好，能加工轮廓形状特别复杂或难以控制尺寸的零件。如图 1-1-3 所示的模具和曲面体零件，数控机床的主轴转速和进给速度都是无级变速的，因此有利于选择最佳切削用量，在宇航、造船等加工业中得到广泛应用。

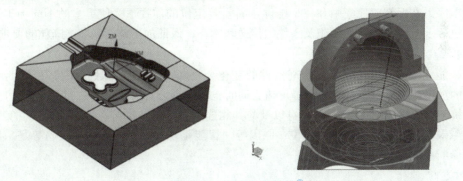

图 1-1-3　复杂曲面零件[①]

（2）能加工普通机床无法加工或很难加工的零件，如用数学模型描述的复杂曲线类零件以及三维空间曲面类零件。

（3）能加工一次装夹定位后，需进行多道工序加工的零件。

（4）加工精度高，加工质量稳定、可靠。

（5）生产自动化程度高，减轻了操作者的劳动强度，利于生产管理自动化。

---

① 全国职业技能竞赛样题。

（6）生产效率高，数控铣床兼具铣床、镗床、钻床的功能，使工序高度集中，大大提高了生产效率。

在方便生产加工的同时，高新技术的引入也随之带来一些问题，如：

（1）数控机床的成本高、投资大，使用费用提高。

（2）生产准备工作复杂。由于整个加工过程采用程序控制，数控加工的前期准备工作较为复杂（包含工艺确定、程序编制），必要时需要使用专用夹具完成加工产品的装夹。

（3）维修困难。数控机床是典型的机电一体化产品，具有技术含量高的特点，这对维修人员的技术要求更高。

数控机床因其高精度、高效率、更友好的生产环境应用愈加广泛；另一方面，装备的更新换代、加工零件精度更高的质量要求，也驱动机床企业不断完善、提升机床的整体性能。数控机床的发展趋势应该包括以下几个方面：

1）高速高效化

高速和超高速加工技术可以提高加工效率，也是加工难切削材料、提高加工精度、控制振动的重要保障。其技术关键是提高机床的主轴转速和进给速度。比如进一步提高高速电主轴的最高转速及功率、扭矩，采用传感技术进行振动监测和诊断，进一步轻量化进给系统，采用直线电动机和力矩电动机的直接驱动方式等。

2）精密化

由于机床结构和各组件加工的精密化，机床达到微米级精度已不是问题。目前高档数控机床定位精度（全行程）已达 0.004~0.006 mm，重复定位精度达 0.002~0.003 mm。同时，代表精度水平的超精密纳米级机床已开始不断涌现。

3）复合化

在零部件一体化程度不断提高、数量不断减少的同时，加工的产品形状日益复杂，多轴化控制的机床适合加工形状复杂的工件。另一方面，产品周期的缩短要求加工机床能够随时调整和适应新的变化，满足各种各样产品的加工需求，这就要求一台机床能够处理以往需要几台机床处理的工序。在保持工序集中和减少工件重新安装定位的前提下，使更多的不同加工过程复合在一台机床上，以减少占地面积及零件的传送和库存，保证加工精度和节能降耗的要求。

4）智能化

现代智能化数控机床可以根据切削条件的变化，自动调节工作参数，保持最佳工作状态，得到较高的加工精度和较低的表面粗糙度值，同时也能提高刀具的使用寿命和设备的生产效率。此外，系统还可以随时对 CNC 系统本身以及与其相连的各种设备进行自诊断、检查，实现故障停机、故障报警及提示发生故障的部位、原因等。智能化现代数控机床的发展趋势是采用人工智能专家诊断系统。

5）信息化

利用计算机技术和网络通信技术，机床制造商可以建立机床远程技术支持体系，实现工况信息的传输、存储、查询和显示，以及远程智能诊断。基于网络连接，机床用户可以及时获得机床制造商的远程技术支持，机床制造商可准确有效地得到用户方的机床工况资料数据，进行机床状态的网上在线诊断，实现机床全生产周期服务的开放式网络监控服务，以提高售后服务效率，并有助于及时改进产品的质量。

6）环保化

环保是机床产品必须达到的条件，通过干切削、准干切削、硬切削等措施避免冷却液、润滑液对周围环境造成生态危害以及采用全封闭的罩壳，全面避免切屑或切削液外溅是其两个主要环保化要求。

### 7）模块化

模块化的设计在机床制造中应用非常广泛，三轴数控铣床加入自动换刀装置模块可以实现铣床向加工中心的转换，再装入数控回转工作台模块可以实现多轴加工中心的转变。此外，测量检测单元、自动对刀模块、机床内部可视化模块都是模块化的应用。

### 8）新技术

五轴联动加工技术的推广及普及是行业未来的发展方向。

工业上需要加工复杂的曲面，舰艇、飞机、火箭、卫星、飞船中许多关键零件的材料、结构、加工工艺都有一定的特殊性和加工难度，用传统加工方法无法达到要求，必须采用五轴联动、高速、高精度的数控机床才能满足加工要求。五轴联动数控机床在加工方面有着适用范围广、加工精度高、工作效率高等特点，符合未来机床的发展趋势，是航空、航天、汽车、船舶、精密仪器、发电机组等下游行业加工关键零部件的重要加工工具。

同时，数控机床与工业机器人组成的生产单元可以实现小批量、多品种的生产要求，更符合差异化市场需要，随之而来的是柔性生产单元以及智能制造生产线的出现。

- **学生任务**

名词解释：柔性生产单元/智能制造生产线任选其一。

_____

_____

_____

_____

- **拓展阅读**

现代机械制造中加工机械零件的方法很多，除切削加工外，还有铸造、锻造、焊接、冲压、挤压等，但凡属精度要求较高和表面粗糙度要求较细的零件，一般都在机床上用切削的方法进行最终加工。传统机床通常包括支承部件、变速机构、进给机构、主轴箱、刀架、润滑冷却系统等，而数控机床是在传统机床的基础上发展起来的，两者的工艺和结构类似，但数控机床主要是通过程序来进行生产，在加工过程中不会或很少受到人为的干预，两者存在差异。

就机械加工行业而言，我国目前需要大量的三种层次的数控技术人才：

（1）熟悉数控机床的操作及加工工艺、懂得机床维护、能够进行手工或自动编程的操作人员和装配人员。

（2）熟悉数控机床机械结构及数控系统软/硬件知识的中级人才，能够熟练应用 UG、Pro/E、CAD/CAM 等软件，同时有扎实的专业理论知识、较高的英语水平并积累了大量实践经验的人才。

（3）精通数控机床结构设计以及数控系统电气设计、能够进行数控机床产品开发及技术创新的数控技术高级人才。

- **学习资源**

《中国数控机床行业发展现状及趋势分析》

## 四、数控机床的常见类型

根据金属切削加工的需要，数控机床的结构和功能都存在差异，根据使用的条件，常用的数控机床从功能上区分有钻床、车床、铣床、镗床、磨床，也可以分为加工工具类数控机床、检测类数控机床以及特种成形数控机床。

### 1. 传统成型数控装备

数控加工类机床的功能、特点及形状见表 1-1-1。

表 1-1-1　数控加工类机床的功能、特点及形状

| 名称 | 功能 | 特点 | 形状 |
|---|---|---|---|
| 钻床 | 在工件上加工孔 | 钻头旋转为主运动，钻头轴向移动为进给运动。加工精度相对较低，可钻通孔、盲孔，更换特殊刀具后可扩孔、锪孔、铰孔或进行攻丝等加工 | 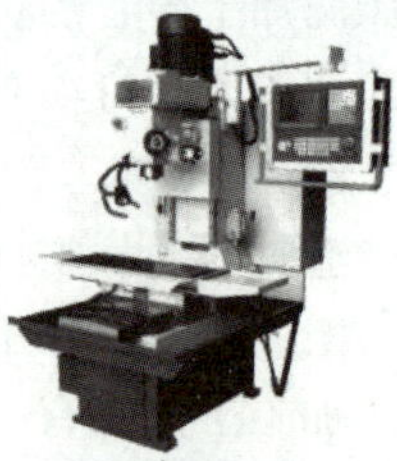 |
| 镗床 | 大型箱体类零件加工 | 用于加工高精度孔或一次定位完成多个孔的精加工，或对工件已有的预制孔进行镗削加工 | 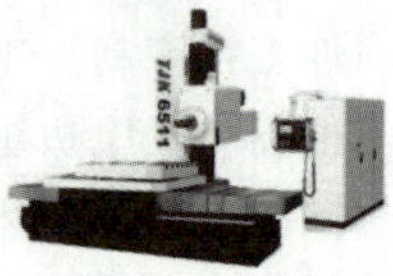 |
| 磨床 | 对工件表面进行磨削加工 | 加工硬度较高的脆性材料，做高精度和表面粗糙度很小的磨削加工 | 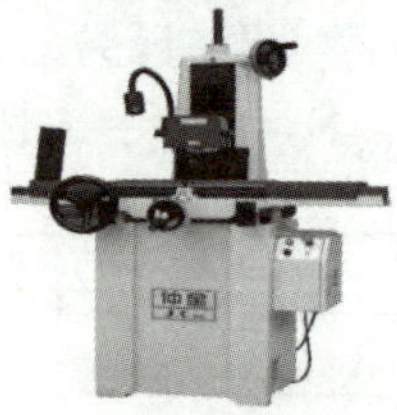 |
| 滚齿机 | 加工直齿、斜齿齿轮及蜗轮 | 适用于成批、小批及单件生产加工圆柱齿轮和蜗轮，及一定参数的鼓形齿轮，也可用花键滚刀连续分度滚切短花键轴 |  |
| 刀具磨床 | 修复磨损后的刀具 | 主要用于数控加工用的刀具磨损后的磨削修复 |  |

## 2. 数控检测类装备

数控检测类装备的适用范围、特点及外形见表 1-1-2。

表 1-1-2　数控检测类装备的适用范围、特点及外形

| 机床名称 | 主要适用范围与特点 | 机床外形 |
|---|---|---|
| 数控加工中心 | 高档多轴数控加工中心/车铣复合加工中心带有自动检测装置，可对加工完某一工序的零件进行检测 |  |

| 机床名称 | 主要适用范围与特点 | 机床外形 |
|---|---|---|
| 三坐标测量仪 | 应用于产品设计、模具装备、齿轮测量、叶片测量、机械制造、工装夹具、汽模配件、电子电器等的精密测量 | |

## 小提示

"纸上得来终觉浅，觉知此事要躬行"，想要了解详细的机床类型，快来扫码观看吧

**立式三轴数控铣床结构模拟**

### 3. 特种数控装备

特种数控装备的适用范围、特点及外形见表 1-1-3。

**表 1-1-3　特种数控装备的适用范围、特点及外形**

| 机床名称 | 主要适用范围与特点 | 机床外形 |
|---|---|---|
| 3D 打印机（增材制造数控装备） | 特殊结构、复杂结构的产品打印，功能性产品的打印（如人体组织） | |
| 数控电火花成型机 | 通过均匀放电现象，使被加工产品成为合乎要求的尺寸大小及形状精度的产品的特殊成型设备 | |

### • 学生任务

学生任务分配表见表 1-1-4。

**表 1-1-4　学生任务分配表**

| 班级 | | 组号 | | 指导教师 | |
|---|---|---|---|---|---|
| 组长 | | 学号 | | | |
| 组员 | 姓名 | 学号 | | 姓名 | 学号 |
| | | | | | |
| | | | | | |
| | | | | | |
| | | | | | |
| | | | | | |
| 任务分工 | | | | | |

小组完成本次教学情境中的设备选型任务并填写表 1-1-5。

表 1-1-5　填写生产设备调研报告表

| 项目 | 数控设备一 | 数控设备二 | 数控设备三 |
|---|---|---|---|
| 设备型号 | | 数控车床 | |
| 设备名称 | | | |
| 实现功能 | 加工复杂零件 | | 曲面精度检测 |
| 设备特点 | | | |
| 主要技术参数 | | | |

- 引导问题

加工如图 1-1-4 所示零件，作为机床选型员，考虑采用何种数控装备更符合经济最优原则。

_____

_____

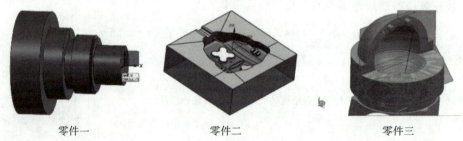

零件一　　　　　　　零件二　　　　　　　零件三

图 1-1-4　数控加工产品模型

## 五、数控机床的典型机械模块

数控加工典型机床如图 1-1-5 所示。

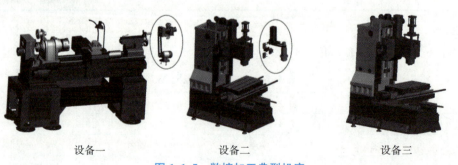

设备一　　　　　　　设备二　　　　　　　设备三

图 1-1-5　数控加工典型机床

### 1. 数控车床

数控车床是利用计算机数字控制，主要用于加工轴类、盘类回转型零件的数控装备。车床中高速回转的主轴带动毛坯旋转，配合刀具的进给运动实现切削加工；通过数控系统对加工的各个动作进行控制，并将编制好的加工程序输入数控系统中，最终由数控系统通过控制车床 $X$、$Z$ 坐标轴的伺服电动机进而控制车床进给运动部件的动作顺序、移动量和进给速度，再配合主轴的转速和转向，最终加工出各种形状的轴类、盘类和回转体零件。

数控车床主要由以下装置组成：

（1）数控装置：数控机床的控制核心。

（2）基础件：床身、基座和主轴箱。

（3）主轴箱：车削工作的动力部分，CAJ6140 型卧式数控车床的主轴箱是由主轴电动机通过带轮及皮带将动力输入，其内部由齿轮副组成，通过控制不同的传动挡位，达到不同规格齿轮副啮合传动的目的，从而改变输出端的转速，实现增速/减速控制；主轴箱内开设摩擦式离合器，可以切换主轴的旋转方向，即进行正转 M03/反转 M04 的切换。

（4）进给系统：由伺服电动机通过滚珠丝杠螺母副带动拖板运动，光栅尺作为位置检测元件，正、反进给极限位置通过开设限位开关进行硬限位行程保护、通过数控系统参数进行软限位行程保护。

（5）换刀装置：数控车床的换刀装置一般是四方刀架或回转式刀架与动力刀塔，配备的刀具数量有 4 把、6 把、8 把、12 把不等，通常刀架主要用于卧式数控车床，动力刀塔则主要应用于数控车削加工中心，能够实现凸轮和曲轴的加工。

（6）辅助装置：包括尾座，可以装入芯棒或者顶尖，前者做主轴回转精度检测，后者是在加工长径比的轴类零件时，为了防止被加工材料端面的摆动与不稳定而设置的加工辅助装置。

（7）液压系统：通过液压控制主轴卡盘的夹紧与松开。

（8）润滑冷却系统：具有润滑、冷却的作用（切削液）。

（9）排屑装置：有板链式、螺杆式排屑装置，作用是将废屑排出机床。

（10）防护装置：防护罩与安全门，用于保证作业安全。

卧式数控车床结构组成模块如图 1-1-6 所示。

**图 1-1-6　卧式数控车床结构组成模块**

- **学生任务**

数控车床的主要机械模块都包括哪些？

_____

_____

_____

**2. 数控铣床与数控加工中心**

1）设备选型岗位背景

在数控加工实训课程中我们了解到，机械加工主要是指利用数控车床、铣床，通过减材制造加工的手段，来达到完成生产任务的目的，其中数控车削加工适用于轴类、盘类的回转体；数控铣削加工适用于块状毛坯，且加工工件上带有曲线轮廓、直线、圆弧、螺纹或螺旋曲线，特别是由数学表达式给出的非圆曲线与列表曲线等曲线轮廓的情况。对于具有普通数控铣床无法满足加工要求的特殊曲面特征，需要多把刀具或者多次装夹才能实现，这就需要选用合适的数控机床，完成设备的选型。

2）数控铣床与数控加工中心

数控加工装备从适用产品类型的角度主要分成两种，即加工回转类零件的数控车床和加工具有曲线轮廓类零件的数控铣床，两者的加工原理都是通过高速回转的主运动与低速的进给运动相配合，使得刀具相对毛坯运动，实现切削加工，以获得所需的产品形状与尺寸。

由于数控加工应用的范围愈加广泛，加工产品的形状特点越来越复杂，故对数控机床提出了更高的要求，比如加工不规则曲面类零件，需要数控机床控制的联动轴数增加，以满足加工需要。因此，在三轴数控铣床的基础上加入回转轴或摆动轴，发展成了多轴数控机床的结构；同时，多轴加工中往往需要使用多把刀具完成诸如粗加工、半精加工和精加工的需要，也包括钻孔、攻螺纹等需要，于是出现了自动换刀模块，我们把具有自动换刀模块的数控铣床称作数控加工中心；按照轴数的不同又可细分为三轴数控加工中心和多轴数控加工中心，其中以五轴联动数控加工中心为目前机械加工领域、数控机床中的高新技术产品，这些都为机床的选型提供了技术基础。

数控机床的分类如图 1-1-7 所示。

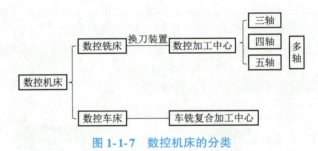

图 1-1-7　数控机床的分类

• 学生任务

观察数控铣床与数控加工中心，类比数控车床，指出其结构组成。

数控机床组成示意图如图 1-1-8 所示。

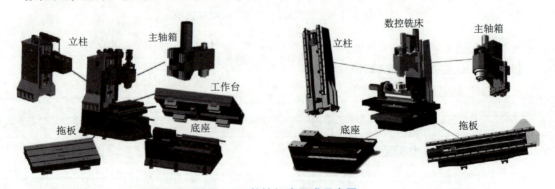

图 1-1-8　数控机床组成示意图

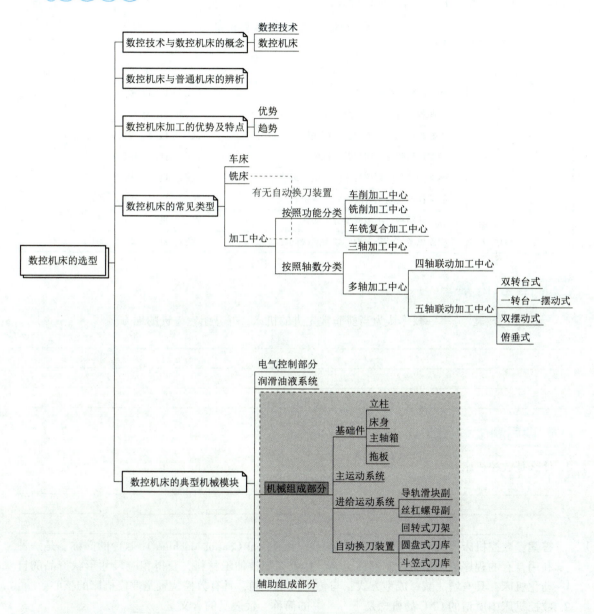

## 小提示

"比者，以彼物比此物也"，类比学习，举一反三的秘诀在于勤于思考。

## 任务小结

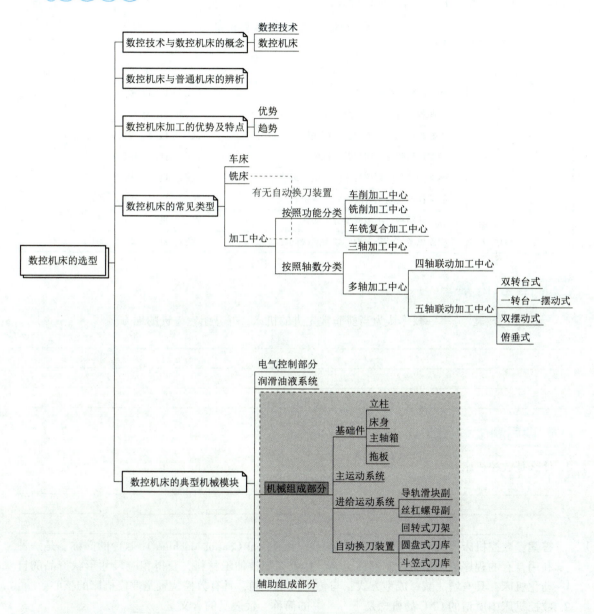

• **学习任务小结**

新知识记录：_____

新技能记录：_____

小组协作体会：_____

 任务评价

本次任务从概念出发，通过辨识多种常见数控机床，重点阐述了数控机床的典型机械组成与结构，可以在工作中帮助指导机床的选型及工作岗位任务。请指导教师根据学生的实际表现完成表1-1-6所示的任务综合目标评价表。

表1-1-6  任务综合目标评价表

| 班级 | | | 姓名 | | 学号 | | |
|---|---|---|---|---|---|---|---|
| 序号 | 评价内容 | 具体要求 | | 完成情况 | | | 成绩 |
| 1 | 知识目标（40%） | 能够说出数控机床的定义 | | 优□ 良□ 中□ 差□ | | | |
| | | 掌握数控机床的基本分类 | | 优□ 良□ 中□ 差□ | | | |
| | | 掌握数控机床的典型机械模块组成 | | 优□ 良□ 中□ 差□ | | | |
| 2 | 能力目标（40%） | 能够辨析数控机床与普通机床 | | 优□ 良□ 中□ 差□ | | | |
| | | 能够指出某一数控机床的各机械模块 | | 优□ 良□ 中□ 差□ | | | |
| | | 能够在遇到问题时查找到专业资料 | | 优□ 良□ 中□ 差□ | | | |
| 3 | 素质目标（20%） | 有团队精神，小组成员分工协作 | | 优□ 良□ 中□ 差□ | | | |
| | | 积极思考，具备发现问题、解决问题的意识 | | 优□ 良□ 中□ 差□ | | | |

## 任务拓展

请查找资料，分享一款你认为当前非常先进的机床，并介绍它先进的地方。

_____
_____
_____
_____

## 课后测试与习题

1. 什么是数控机床？

_____
_____

**答案**：数控机床是数字控制机床（Computer Numerical Control Machine Tools）的简称，是一种利用自有的程序控制系统控制部件运动，达到切削被加工材料、获得相应尺寸形状产品的自动化机床，具有增、减材成型方式；与传统机床不同，具有数控装置是数控机床的核心。

2. 数控机床中所谓的CNC的概念是_____的简称，代表是的含义是_____。
   **答案**：Computerized Numerical Control，计算机数控技术

3. 下列属于数控机床相较于普通机床的优点的是（    ）。
   A. 零件加工的适应性强、灵活性好，能加工轮廓形状特别复杂或难以控制尺寸的零件
   B. 能实现一次装夹定位后多道工序的加工
   C. 数控加工的前期准备工作较为复杂（包含工艺确定、程序编制），工作量更大
   D. 数控机床加工过程并不需要人为去操作，能够实现全自动生产管控
   **答案**：AB

4. 何谓柔性生产加工？

_____

_____

_____

**答案**：柔性生产是指主要依靠具有高度柔性的、以计算机数控机床为主的制造设备来实现多品种、小批量的生产方式，主要是针对大规模生产的弊端而提出的新型生产模式，能够实现生产系统对市场需求变化做出快速适应。

5. 符合我国机床行业发展所需要的人才特点包括（　　　）。

 A. 熟悉数控机床的操作及加工

 B. 掌握数控机床机械结构及数控系统软/硬件知识

 C. 能够熟练应用 UG、Pro/E、CAD/CAM 等软件及专业理论知识

 D. 具备实践经验并具备一定的英语水平

 **答案**：AB

---

## 任务 1.2　数控机床的安全操作与日常保养

### 任务描述

  在顶岗实习锻炼中，需要学员在进入车间执行生产任务前做好自身的安全防护，了解车间的安全生产管理制度，具备辨识、选择基本生产工具的能力，为加工生产做好基础。这就要求学员了解车间的管理制度要求，具备安全生产意识，掌握劳动防护常识，达到 6S 生产管理要求。

机床养护
中的工具与
检具选用

 • **知识目标**

 （1）熟悉数控生产车间的规章制度。

 （2）能够说出数控机床的保养规程。

 • **能力目标**

 能够模拟数控机床的养护操作。

 • **素质目标**

 （1）关注数控车间的安全。

 （2）具备机床养护意识。

### 任务实施

  安全是一切生产工作的前提，在进入到数控生产车间之初，我们应该清楚车间的安全规章制度以及设备的使用与养护规程，在安全、文明的生产环境下进行日常工作，完成既定生产任务。本任务主要内容如下：

 （1）数控生产车间的规章制度。

 （2）人身安全防护。

 （3）数控机床保养。

## 一、数控生产车间的安全规章制度

### • 学生任务

阅读数控生产车间的安全规章制度。[①]

（1）进入数控生产车间后，须先检查本人（或本组）所用设备，发现问题及时报告，不得擅自拆解设备。

（2）在生产操作过程中，注意安全与个人防护，佩戴安全帽，防护服、劳保鞋应整洁，严禁穿拖鞋及袖管宽大的衣服，留长发的人员应将头发整理好塞入工作帽内；严禁戴手套进行数控机床操作。在机床运行过程中，眼睛与转动的主轴应保持一定距离，且佩戴防护镜。

（3）在编程输入或程序调试阶段，不得乱按控制面板上的其他按键。编好程序，须检查确认后方可试车运行。在试车运行时，应先关上安全门，然后再按下"循环启动"按钮，同时左手放在"急停"按钮上，如发现有任何差错应立即按下"急停"按钮，终止运行。

（4）在使用计算机时，不得在计算机上设置密码及随意删除计算机上的程序和拆解计算机的相关组件。

（5）进入数控生产车间后，须遵守纪律，听从安排和指导，不得在室内打闹嬉戏，不得乱丢、乱吐、乱涂，不得吸烟、吃东西。完成生产任务后，应打扫卫生，整理好桌椅及设备，物品回归原处并摆放整齐。

（6）生产操作中应做好记录，设备运转期间严禁无人看护设备。

（7）生产操作完毕须填写"日志"，反映当日设备运转情况，发现问题随时报告主管部门或人员。

（8）工作结束后应切断电源，关好门窗，贵重仪器、设备要入柜加锁。

### • 学生任务

观察实训室物品的摆放与设备的状态，指出有可能存在安全隐患的内容。

_____

_____

_____

_____

## 二、人身安全与防护

车间中的人身安全防护主要是指穿戴整齐工装和防护用具，此外也包括个人安全意识方面，主要表现为：

（1）操作前：检查防护用品穿戴是否整齐、设备工具是否齐全。

（2）操作中：严格遵守安全操作规程，物品摆放整齐，有序进行作业；多人协作时要严肃认真、协同一致，严禁打闹。

（3）操作后：按照 6S 标准[②]要求回归工具、恢复设备。

人员安全防护示意图如图 1-2-1 所示。

---

① 源自 http://www.aqsc.cn/中国安全生产网。

② 6S 是指：整理（SEIRI）、整顿（SEITON）、清扫（SEISO）、清洁（SEIKETSU）、素养（SHITSUKE）、安全（SAFETY）。

图 1-2-1 人员安全防护示意图

- 学生任务

观察身边的同学，指出他个人安全防护做的正确的地方；指出存在个人安全隐患、需要纠正的地方。

_____

_____

_____

### 三、数控机床保养

#### 1. 数控机床保养概念

数控机床保养是机床操作人员及维修人员为了保持设备的正常运行状态，延长设备使用寿命所进行的工作，也是操作人员和维修人员的主要职责之一。

数控机床保养的意义：良好的设备保养工作可以减少停机损失、降低维修工作及维修费用，从而降低生产成本，保证产品质量，提高生产效率。

#### 2. 数控机床保养分类

设备的管理方式不同，设备保养的类别也存在差异。大致分类如下：

（1）按照设备在生产流程中的重要程度分类。如：关键设备、重点设备、普通设备等。设备保养也应按设备的重要程度进行分级保养。

（2）按照设备价值进行分类。如：主要设备、非主要设备和低值设备。设备保养则按设备的价值高低采取不同的保养方式。

（3）※按照时间周期定期对设备进行保养的分类方法。如：日常保养、一级保养、二级保养等。一般机械工厂常采用这种分类方式进行设备保养。定期保养贯彻预防为主的原则，按照日常保养、一级保养和二级保养三级分类进行。

- 学生任务

机床保养的主要养护原则。

_____

_____

#### 1）设备的日常保养

设备日常保养包括每班保养和周末保养两种，由操作者负责进行。保养的重点是清洁机床、检查润滑系统并做好相关记录。

每班保养要求操作者在生产中必须做到班前对设备各部位进行检查。具体内容如下：

（1）清洁机床全部外露面及工作台面。

（2）检查各部分油位、液位是否正常。

（3）检查刀库、刀具及各轴位置是否正常。

（4）检查电源电压是否正常。

（5）上电试运行并检查上电前有无报警信号；上电后设备的电、油、切削液、润滑系统、液压系统、冷却系统、气压系统及各部位的冷却风扇、过滤网、各调温/控温装置、散热器的数值、运行是否正常。

（6）做好上述内容的相关记录。

上述内容确认正常后方可使用设备。设备运行中操作者要严格按照操作规程正确使用设备，注意观察设备运行情况，发现异常及时处理，对于本人不能排除的故障应及时报修，并督促维修人员在《维修记录单》上做好相关记录。

操作完毕后应进行以下工作：

（1）清洁切屑。

（2）擦净机床各部位。

（3）各运动轴归位，主轴与工作台/刀架拖板保留安全距离。

（4）清除油水分离器中的水分。

（5）做好相关记录，如下一班设备仍然运行，则需与下一位操作员办好交接班手续。

周末保养主要是要求操作者在周末和节假日前用 1~2 h 的时间对设备进行彻底的清扫、擦拭、润滑和涂油，并在整齐、清洁、润滑和安全四个方面对机床进行检查。

- 学生任务

复述机床设备日常保养的主要步骤。

---

设备的日常保养是设备保养的基础工作，必须做到规范化和制度化。

数控机床日常保养项目见表 1-2-1。

表 1-2-1　数控机床日常保养项目

| 序号 | 检查部位 | 检查要求 |
|---|---|---|
| 1 | 润滑系统 | 检查润滑油的油面、油量，及时添加润滑油，检查导轨各润滑点在油泵工作时是否有润滑油流出 |
| 2 | 进给轴及导轨 | 清除导轨面上的切屑、冷却水渍，检查导轨润滑油是否充分；检查导轨面上有无划伤及锈斑，导轨防尘刮板上有无夹带切屑 |
| 3 | 压缩空气气源 | 检查气源供气压力是否正常 |
| 4 | 液压系统 | 油箱、液压泵无异常噪声，压力表指示压力正常，油箱工作油面在允许的范围内 |
| 5 | 电气装置 | 检查机床电气柜换气扇工作是否正常、风道过滤网有无堵塞 |
| 6 | 排屑装置 | 检查有无卡紧现象 |
| 7 | 防护装置 | 检查机床导轨防护罩、安全门动作是否正常 |

- 学生任务

机床日常保养的内容。

---

2）设备的一级养护

一级养护是在专业维修人员的指导下，由设备操作工进行的定期保养工作，由设备管理部门以计划的形式下达执行。单班制设备应每半年进行一次，双班制设备应每三个月进行一次，特殊设备的保养和要求另行规定。

数控机床一级养护项目见表1-2-2。

表 1-2-2　数控机床一级养护项目

| 序号 | 检查部位 | 检查要求 |
|------|----------|----------|
| 1 | 机床床身 | 清洗设备外观，拆洗防护罩，具体要求：内外清洁，漆见本色、铁见光。检查并补齐缺损的螺钉、手球及手柄 |
| 2 | 各进给轴 | 拆卸各轴导轨的防护罩，清除切屑、杂物，检查导轨润滑是否充分，导轨面上有无划伤、锈斑，防尘板处有无夹带切屑 |
| 3 | 润滑与冷却系统 | 检查油质、油量，清洁油路、油阀、油毡、油池、油标及过滤网；检查润滑油泵、切削液泵，清洁切削液箱，更换切削液 |
| 4 | 进给传动系统 | 检查传动带、张紧轮、丝杠副是否存在间隙，压板、顶丝有无松动；检查传动带是否老化，更换传动带或调整其张紧情况 |
| 5 | 主轴箱 | 检查主轴箱各点是否正常供油，更换润滑油，清洗过滤器、换热器，检查恒温状况 |
| 6 | 电动机 | 清洁电气箱，检查电气柜空调是否正常工作 |
| 7 | 主轴箱平衡系统 | 平衡锤结构的主轴箱平衡系统应检查钢丝绳紧固情况 |

● 学生任务

机床一级保养的主要内容。

_____

_____

3）设备的二级养护

设备的二级保养是由专业维修人员进行的定期保养工作，也是设备管理部门以计划形式下达执行的。单班制设备应每年进行一次，双班制设备应每半年进行一次，特殊设备的保养和要求另行规定。

数控机床二级养护项目见表1-2-3。

表 1-2-3　数控机床二级养护项目

| 序号 | 检查部位 | 检查要求 |
|------|----------|----------|
| 1 | 机床床身 | ①清洗设备外观，拆洗防护罩，具体要求：内外清洁，漆见本色、铁见光。检查并补齐缺损的螺钉、手球及手柄。<br>②清洁光栅尺/磁尺 |
| 2 | 各进给轴 | ①拆卸各轴导轨的防护罩，清除切屑、杂物，检查导轨润滑是否充分，导轨面上有无划伤、锈斑，防尘板处有无夹带切屑<br>②对研伤的部位进行必要的修复 |
| 3 | 润滑与冷却系统 | ①检查油质、油量，清洁油路、油阀、油毡、油池、油标及过滤网；检查润滑油泵、切削液泵，清洁切削液箱，更换切削液。<br>②换油。<br>③更换易损件。<br>④清洗或更换滤油器 |
| 4 | 进给传动系统 | ①传动带、张紧轮、丝杠副是否存在间隙，压板、顶丝有无松动；检查传动带是否老化，更换传动带或调整其张紧情况。<br>②按照机床说明书或工艺要求的规定对相应部位进行调整 |

| 序号 | 检查部位 | 检查要求 |
|------|----------|----------|
| 5 | 主轴箱 | ①检查主轴箱各点是否正常供油，更换润滑油，清洗过滤器、换热器，检查恒温状况。<br>②检查并修复主轴锥孔接触情况，去除毛刺 |
| 6 | 电动机 | ①清洁电气箱，检查电气柜空调是否正常工作。<br>②在做好数据备份的情况下对各轴驱动进行清扫。<br>③检查直流伺服电动机的电刷，必要时更换，并用无水酒精对换向器进行清洁，如有电蚀应进行抛光 |
| 7 | 精度检测 | ①按照机床说明书的规定检查并调整机床的水平精度。<br>②按照机床说明书的规定检查并调整机床的主要几何精度至出厂标准或满足企业生产工艺要求 |

● 学生任务

学生任务分配表见表 1-2-4。

表 1-2-4　学生任务分配表

| 班级 | | 组号 | | 指导教师 | |
|------|------|------|------|------|------|
| 组长 | | 学号 | | | |
| 组员 | 姓名 | 学号 | | 姓名 | 学号 |
| | | | | | |
| | | | | | |
| | | | | | |
| 任务分工 | | | | | |

辨析三个等级保养的主要内容，并填写表 1-2-5。

表 1-2-5　辨析三个等级保养的主要内容

| 保养等级 | 保养的主要内容（机械为主，电气、液压、润滑等） |
|----------|----------------------------------------------|
| 一级保养 | |
| 二级保养 | |
| 三级保养 | |

设备保养及效能如图 1-2-2 所示。

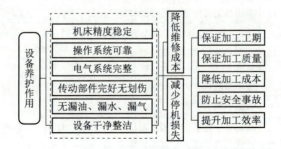

图 1-2-2　设备保养及效能

 **任务小结**

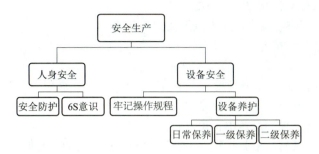

- 学习任务小结
  新知识记录：_____
  新技能记录：_____
  小组协作体会：_____

**任务评价**

任务综合目标评价表见表 1-2-6。

表 1-2-6 任务综合目标评价表

| 班级 | | | 姓名 | | 学号 | |
|---|---|---|---|---|---|---|
| 序号 | 评价内容 | 具体要求 | | 完成情况 | | 成绩 |
| 1 | 知识目标（40%） | 能够说出三种机床养护的等级与标准 | | 优□ 良□ 中□ 差□ | | |
| 2 | 能力目标（40%） | 能够辨识三级保养的各个特点 | | 优□ 良□ 中□ 差□ | | |
| | | 能够进行安全操作的人身防护 | | 优□ 良□ 中□ 差□ | | |
| 3 | 素质目标（20%） | 亲历 6S 管理标准与要求 | | 优□ 良□ 中□ 差□ | | |
| | | 形成安全生产意识 | | 优□ 良□ 中□ 差□ | | |

**任务拓展**

查找柔性生产线中，工业机器人的防护等级标准。

_____

_____

_____

_____

**课后测试与习题**

1. 数控机床的保养分为（　　）个级别。
   A. 二　　　　　　　B. 三　　　　　　　C. 四　　　　　　　D. 五
   **答案：B**

2. 以下属于机床一级保养的是（　　　　）。

    A. 检查各操作面板的各个按钮、开关和指示灯，要求位置准确、可靠，并且指示灯无损

    B. 检查设备的动态技术状况与主要精度

    C. 检查液压卡盘、尾座、顶尖的压力范围及脚踏开关

    D. 检查机床的主要几何精度

    **答案**：A

3. 日常操作机床时进行的每日例行检查与保养属于_____级保养；该保养维护主要包括_____、_____和_____的保养。

    **答案**：一级保养；运行前、运行中、运行后

4. 数控机床的气冷散热装置一般是运行（　　　　）时间以后进行清洁与保养。

    A. 1 个月          B. 6 个月          C. 12 个月          D. 18 个月

    **答案**：B

5. 车间操作安全日常注意事项不包括（　　　　）。

    A. 工作时请穿好工作服、佩戴好厂牌，不得穿凉鞋、拖鞋、高跟鞋、背心、裙子和露膝盖的裤子进入车间，打线班若是长发要戴帽子或发网

    B. 严禁在车间内嬉戏、打闹，严禁在车间穿梭

    C. 认真佩带和正确使用劳动保护用品

    D. 更换数控系统备用锂电池，防止电压过低

    **答案**：D

# 项目 2　数控车床的结构剖析与养护

数控车床的
结构认知

## 任务 2.1　数控车床的选型

### 任务描述

工厂承接一批零件的加工生产工作，需要根据经济性原则选用合适的数控车床，完成设备选型的购置，为生产任务的实现提供设备基础。

- **知识目标**
  (1) 掌握数控车床的机械组成。
  (2) 了解数控车床的主要技术参数。
- **能力目标**
  (1) 能够辨析数控车床的常见种类。
  (2) 辨认数控车床的结构组成。
- **素质目标**
  体验查找技术资料的过程。

### 任务实施

在数控机床概述中我们已经认识数控机床的分类，了解数控车床是数控装备中的一种，然而数控车床都具有哪些机械模块？在生产中如何根据加工生产的需要选择数控车床的型号？可以查阅哪些主要技术参数作为机床选型的参数指标？这些答案都在本次任务中。结合本课程的学习目标，本次任务的主要内容如下：

(1) 辨析数控车床的常见种类。
(2) 掌握数控车床的机械组成。
(3) 了解数控车床的主要技术参数。

### 一、数控车床

数控车床是机加工行业中使用最为广泛的数控机床之一，它主要用于加工具有回转表面的回转体零件，即通过数加工程序控制机床主运动、进给运动及自动换刀装置，使各模块相互配合自动完成成形表面的加工。其中，主轴的端面卡盘带动毛坯做回转运动，进给系统通过移动 $X$、$Z$ 两个轴向运动来控制刀具的位置，从而实现切削加工的动作。

#### 1. 数控车床按功能分类

根据加工对象的形状由简单到复杂，可以分成普通数控车床和数控车削加工中心两类。

图 2-1-1~图 2-1-3 所示为普通车床、数控车床、数控车削加工中心的实物图。

**图 2-1-1　普通车床**

1—主轴箱；2—主轴；3—刀架；4—拖板；5—床身；6—尾座

**图 2-1-2　数控车床**

1—数控面板；2—主轴；3—刀架；4—防护罩板；5—液压表

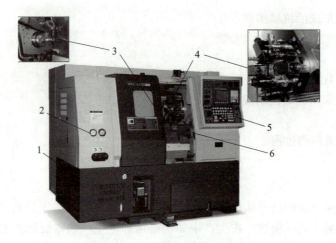

**图 2-1-3　数控车削加工中心**

1—防护罩；2—液压表；3—机床主轴；4—动力刀塔；5—数控面板；6—尾座

● 学生任务

指出普通车床、数控车床和数控车削加工中心各自的结构组成。

_____

_____

_____

　　数控车削加工中心是数控加工中心的一种，是由机械设备与数控系统组成的适用于加工复杂零件的高效率自动化机床。与数控车床相比，数控车削加工中心最明显的特征就是主轴具有慢速旋转、定向准停的功能；动力刀塔搭载的刀具有高速回转的功能。

　　不难发现，数控车床和普通车床的工件安装方式基本相同，但为了提高加工效率，数控车床多采用液压、气动和电动卡盘。数控车床与普通车床外形相似，即主要由床身、主轴箱、刀架、进给系统、冷却和润滑系统等组成，但进给系统有质的区别：普通车床由进给箱和交换齿轮架构成；数控车床则是直接用伺服电动机通过滚珠丝杠驱动溜板带动刀架实现进给运动，因此进给系统的结构简化了。

数控车床加工零件的尺寸精度可达 IT5～IT6，表面粗糙度低于 $Ra1.6\ \mu m$。其加工精度除了与传动链有关外，数控系统的性能也是关键因素。我们按照表 2-1-1 所反映的技术指标将其分为高、中（全功能型或标准型）、低档（经济型）[1] 三个等级。

表 2-1-1　不同档次的数控系统功能指标

| 功能 | 低档 | 中档 | 高档 |
|---|---|---|---|
| 系统分辨率/μm | 10 | 1 | 0.1 |
| 快速进给速度/（m·min$^{-1}$） | 3～8 | 10～24 | 24～100 |
| 伺服类型[2] | 开环 | 半闭环 | 闭环 |
| 驱动电机 | 步进电动机 | 直流/交流伺服电动机 | 直流/交流伺服电动机 |
| 联动轴数 | 2～3 轴 | 2～4 轴 | 5 轴或 5 轴以上 |
| 通信功能 | 无通信功能 | RS232，DNC | RS232，DNC，MAP |
| 显示功能 | 数码管显示 | 图形/人机对话 | 三维图形，自诊断 |
| 内装 PLC | 无 | 有 | 强功能内装 PLC |
| CPU | 8 位/16 位 | 16 位/32 位 | 32 位/64 位 |
| 结构 | 单片机、单板机 | 单微处理机/多微处理机 | 分布式多微处理机 |

● 学生任务

请辨析步进电动机、伺服电动机的区别。

_____

_____

通过机床的外观识别机床的属性，判断所属的类别。

平床身普通车床是在普通车床的基础上增加数控系统和伺服驱动系统实现的，能够按照预定的程序自动完成预定加工过程，如图 2-1-4 所示。它的加工用途、加工工艺相对单一，属于经济型数控车床。其配置的四方刀架因为有较少的装刀数量，故限制了车床加工工艺能力的范围。

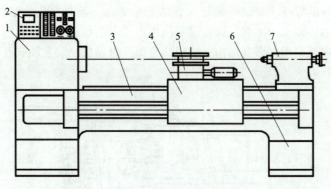

图 2-1-4　平床身数控车床（普通型）

1—主轴箱；2—控制面板；3—床身；4—刀架滑板；5—转塔刀架；6—底座；7—尾座

---

[1]　主要是指由单片机和步进电动机组成的数控系统，或其他功能简单、价格低廉的数控系统。

[2]　开环、闭环、半闭环控制类型详见本书进给系统部分。

多功能数控车床常采用倾斜床身或平床身斜滑轨，配有装备 10 把以上车削刀具或孔加工刀具的回轮式刀架，刀具的转位可由液压马达或伺服电动机驱动，使用滚动导轨支撑刀架溜板，机床尾座也可根据需要由液压装置控制其运动，如图 2-1-5 所示。倾斜床身的优点在于刚性好、排屑方便，高温切削对运动导轨的不均匀变形影响较小，且通常配有自动排屑器。

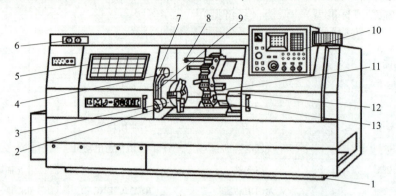

图 2-1-5　斜床身数控车削加工中心（多功能型）

1—床身；2—对刀仪；3—主轴卡盘；4—主轴箱；5—防护门；6—压力表；7—对刀仪防护罩；
8—防护罩；9—对刀仪转臂；10—操作面板；11—回转刀架；12—尾座；13—滑板

• 引导问题

加工如图 2-1-6 所示的曲轴零件，从功能性角度考虑，选择使用何种数控装备实现加工？

图 2-1-6　凸轮轴零件

对于非对称回转类零件，或圆周表面需要加工小平台、径向打孔的零件，不能使用普通数控车床或者多功能型数控车床实现，这就需要使用数控车削加工中心，如图 2-1-7 所示。从结构上来看，这类机床都是采用斜床身结构，使用交流伺服电动机驱动主轴或者电主轴直驱的形式，

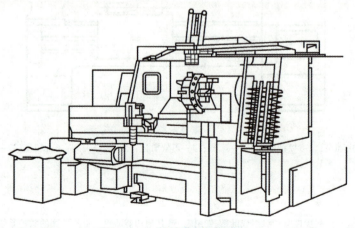

图 2-1-7　数控车削加工中心

短的传动链保证了主轴的回转精度。同时为了满足加工复杂零部件的需要，机床配备有交流伺服电动机驱动的多功能的动力刀头，不但可以装夹常规车刀，还可以装夹自驱动的铣刀、钻头等刀具。此类机床通常装有自动对刀仪，可以自动完成刀具的测量，并实现测量结果的自动补偿。

在控制轴数上，车削加工中心运动轴除了 $X/Z$ 轴，还有 $C$ 轴功能（控制旋转坐标轴），与动力刀塔配合可以在工件上完成特殊型面的加工。部分车削加工中心上还有 $Y$ 轴和 $B$ 轴，能够扩大机床的工艺范围。

随着装备制造业的发展和市场的不断变化，自动化程度不断提升，尤其是近年来工业机器人在装备制造业中的使用，传统工厂里不断提升数字化水平，将数控车削加工中心与工业机器人及其他数控装备相搭配，建立一个小型的加工制造系统，可以实现自动化的物料搬运、加工生产，能够满足小批量加工生产要求，我们通常将这种生产单元称为柔性加工单元 FMC，如图 2-1-8 所示。

图 2-1-8  柔性加工单元

### 2. 数控车床按结构分类

根据数控车床主轴的空间位置又可以将其分为卧式数控车床和立式数控车床两种，如图 2-1-9 所示。前者较为常见，但车削工件的直径大小受到床身导轨的限制，工件越大，主轴及其轴承承受的弯矩越大，难以保证精度，通常加工小尺寸零件；后者因为主轴轴线处于垂直位置而得名，立式车床的工作台装在床身上，可以带动工件做旋转运动。垂直刀架和侧刀架在加工时做进给运动，这样主轴轴承不承受工件等重力，而是由导轨与推力轴承承受。因此适用于加工大型回转类零件。

图 2-1-9  卧式数控车床和立式数控车床

1—防护罩板；2—刀架；3—主轴；4—数控面板

- 学生任务

请辨析卧式数控车床、立式数控车床的区别。

_____

_____

_____

## 二、数控车床的型号认知

我们以 CKA6140 型数控车床为例，其中 C 表示车床（机床类代号），K 表示数控（通用特性代号），A 表示改型，6 代表落地卧式车床组，1 表示卧式车床系，40 代表床身的最大工件回转直径是 400 mm（1/10 的关系）。

- 学生任务

请解释 CJK6130 数控车床的含义[①]。

_____

_____

_____

## 三、数控车床结构组成

数控车削加工实际是数控装置通过专用的 NC 系统控制机床，按照数学模型进行运算，并将运算结果实时地转换为对机床各运动坐标轴进行速度和位置控制，实现插补运动，完成零件的加工生产。其原理可以用图 2-1-10 说明。

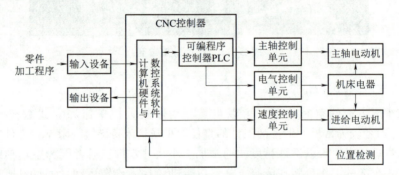

**图 2-1-10　数控车削工作原理图**

由数控系统控制实现运动的模块是组成机床的机械系统，以主运动系统、进给传动系统为代表的工作运动实现了机床的切削加工。

- 学生任务

请观察数控车床的机械模块组成，并写在下方。

_____

_____

_____

数控车床机械组成如下：

（1）数控装置：数控车床的控制核心装置，是区别普通车床与数控机床的关键。

---

① 参考《数控技术手册》。

（2）基础件：床身、基座、主轴箱、拖板等承受机床动静载荷，保证机床各模块相对位置的功能部件，一般通过铸造加工，常开设加强肋板提高部件刚度；同时也需要满足吸收振动能量的要求，以保证机床的动态精度，常与地脚螺栓配合使用。

（3）主轴箱：车削加工的动力部分，以 CAJ6140 型卧式数控车床为例，其主轴箱是由主轴电动机通过带轮及皮带将动力输入，内部由多组齿轮副组成的主传动系统，操作人员可以通过控制不同的传动挡位，达到不同规格齿轮副啮合的目的，从而改变输出端的转速，达到增速/减速的目的；主轴箱内开设摩擦式离合器，可以切换主轴的旋转方向，即正转 M03 与反转 M04 的转动状态切换。

（4）进给系统：实现进给运动的运动系统，维持切削动作。一般由伺服电动机通过滚珠丝杠螺母副带动拖板运动，实现工作台的同步移动。为了提高进给传动精度，一般装有线性位置检测元件光栅尺；在高档机床上也有直线电动机直接控制进给运动，进一步提高运动精度。在进给极限位置开设有限位开关实现硬限位行程保护，操作人员也可以通过数控系统参数设置软限位行程保护。

（5）换刀装置：普通数控车床的换刀装置一般是电动回转刀架，如四方刀架、回转式刀架；数控车削加工中心则会搭载动力刀塔，能够实现车、铣复合加工动作。其配备的刀具数量也存在差异。

（6）辅助装置：包括尾座、通用夹具，高档车床还有在线测量装置，如测头，以辅助装夹定位零件与加工检测。

（7）液压系统：比如可以通过液压控制主轴卡盘的夹紧与松开；机床中一部分的控制阀也是依靠液压系统控制的。

（8）润滑冷却系统：在有静压导轨的车床中，液压系统提供压力油；主轴冷却水循环也是由液压系统控制的。

（9）排屑装置：可以将废屑及时排出机床，降低机床的温升，保证机床精度。常见的排屑装置有板链式和螺杆式。

（10）防护装置：防护罩与安全门，防止加工中的废屑进入到机床运动系统内部，维持机床良好的内环境，保证作业安全。

数控车床的机械组成具体参照图 2-1-11。

**图 2-1-11　卧式数控车床机械结构组成模块图**

1—四方刀架；2—主轴电动机；3—传动带；4—变速箱；
5—主轴箱；6—尾座；7—机床床身

● **学生任务**

请归纳数控车床的机械结构组成模块。

与普通数控车床相比，数控车削加工中心的自动换刀装置有明显的不同，动力刀塔代替电动回转刀架，拓展了车床加工适用范围，具有车铣一体的功能。

- 学生任务

请对比电动回转刀架和动力刀塔（见图2-1-12），根据本次任务阐述在经济性方面考虑选何种类型。

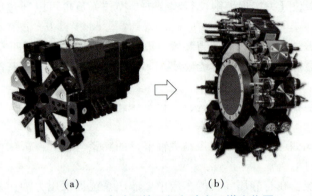

（a）　　　　　　　　　（b）

**图 2-1-12　电动回转刀架和动力刀塔实物图**

（a）回转刀架；（b）动力刀塔

数控车床与车削加工中心对比见表2-1-2。

**表 2-1-2　数控车床与车削加工中心比对**

| 技术参数 | 数控车床 | 车削加工中心 |
| --- | --- | --- |
| 加工对象 | 回转体特征零件 | 非对称回转体、斜面、凸台斜孔 |
| 切削特点 | 主轴卡盘带动毛坯高速回转 | 主轴具有 $C$ 轴功能，可以做变速运动或停止在某一角度；动力刀头类似铣床刀具，可以在毛坯静止的情况下加工斜面、打径向孔及凸轮槽等 |
| ATC 装置 | 电动回转刀架 | 动力刀塔，或带有刀库（具有自动换刀功能） |
| 功能特点 | 加工轴向孔及内外回转体表面 | 集铣、铰、钻、镗、扩、攻螺纹于一体，一次装夹完成所有工序，包括轴向和径向加工 |
| 加工范围 | 一般盘、套类零件 | 多轴线的零件（如曲轴、偏心轮等）或盘形凸轮 |
| 控制轴数 | 一般只有 2~3 个轴 | 3 个以上多轴 |

因为功能模块的拓展，如 $C$ 轴和动力刀塔使得车削加工中心的加工范围更广，相对于普通数控车床具有更多的加工优势，比如：确保工件各加工面的位置精度；易于确保同轴度要求，使用卡盘装置工件，能够在一次装夹后完成所有工序，精度更高；获得复杂零件更好的表面质量，适于有色金属零件的精加工。

- 学生任务

请结合本次任务加工要求，查找数控车床型号选用的主要技术参数，见表2-1-3。

表 2-1-3  数控车床主要技术参数

| 项目 | 备选机床一 | 备选机床二 |
|---|---|---|
| 机床所属类型 | | |
| 主轴功率、转速 | | |
| 最大回转直径 | | |
| 自动换刀装置刀具数、换刀时间 | | |
| 工作尺寸范围 | | |
| 快速移动速度参数 | | |
| 优势与特点 | | |

## 小提示

"人生在勤，不索何获"，请同学们自己查找资料，看看当前数控车床还有哪些好的性能。

## 拓展资源

数控车床五大基本结构部件。

http：//www.360doc.com/content/19/1205/19/29968938_ 877679081.shtml

## 任务小结

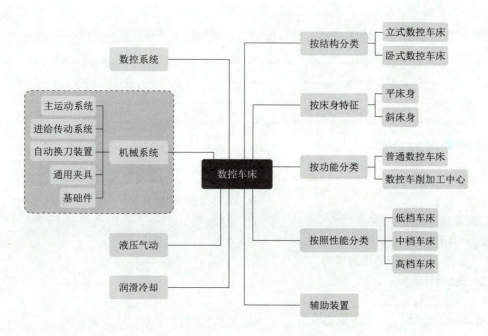

- 学习任务小结

新知识记录：_____

新技能记录：_____

小组协作体会：_____

## 任务评价

本次任务从数控车床概念出发，通过辨识多种常见数控车床，以及结构、功能、差异对比，重点阐述了数控车床的典型机械组成，包括主轴箱、进给运动系统、自动换刀装置、辅助装置等，并在此基础上结合实际需要，进行车床铭牌的说明，介绍了数控车床的主要技术指标。请指导教师根据学生的实际表现完成表 2-1-4 所示的任务综合评价表。

表 2-1-4　任务综合目标评价表

| 班级 | | | 姓名 | | | 学号 | | |
|---|---|---|---|---|---|---|---|---|
| 序号 | 评价内容 | 具体要求 | | | | 完成情况 | | 成绩 |
| 1 | 知识目标（40%） | 能够说出数控车床的机械组成 | | | | 优□　良□　中□　差□ | | |
| | | 掌握数控车床的主要技术参数 | | | | 优□　良□　中□　差□ | | |
| | | 能够辨析数控车床的基本分类 | | | | 优□　良□　中□　差□ | | |
| 2 | 能力目标（40%） | 能够根据任务加工要求选取合适型号的车床 | | | | 优□　良□　中□　差□ | | |
| | | 能够查找专业技术资料 | | | | 优□　良□　中□　差□ | | |
| 3 | 素质目标（20%） | 体会独立思考解决问题 | | | | 优□　良□　中□　差□ | | |
| | | 培养严谨的学习态度 | | | | 优□　良□　中□　差□ | | |

## 任务拓展

请思考数控车床主轴 M03/M04 正反转的切换控制原理，并查找资料说明。

_____

_____

_____

## 课后测试与习题

1. 数控车床和车削加工中心的差异在于（　　）。
   A. 动力刀头　　　　　　　　　B. 双工位的 APC 装置
   C. $C$ 轴　　　　　　　　　　D. 主轴
   答案：AC

2. （　　）是数控车床的控制核心。
   答案：数控装置

3. 数控车床的主机包括（　　）。
   A. 床身　　　　B. 主轴箱　　　　C. 进给机构　　　　D. 刀架系统
   答案：ABCD

4. 以下属于数控车床辅助装置的是（　　）。
   A. 床身　　　　B. 主轴箱　　　　C. 进给机构　　　　D. 尾座
   答案：D

5. 数控车床可以加工哪些零件？
   答案：形状复杂的轴类零件，形状复杂的盘类零件，形状复杂的轴类和盘类零件，轴类和盘类零件。

 任务描述

某型数控车床在运转中出现主轴异响，停车后检测加工的零件发现形位公差数据超差，需要设备维修人员判断机械故障位置，完成主轴的装调。

- **知识目标**

（1）掌握主运动定义。

（2）了解数控车床主运动系统的常见类型。

（3）掌握齿轮传动式数控车床主轴箱结构组成。

- **能力目标**

（1）能够识别数控车床的主运动系统。

（2）能够辨识车床主轴部件。

- **素质目标**

（1）培养专业图纸识读的能力。

（2）严谨的职业精神。

双向多片式
摩擦离合器

任务实施

主轴箱是数控车床的重要组成部分，为机械加工提供主运动动力、控制主轴的速度变化以及正反转切换，是数控车床加工精度的重要影响因素。了解数控车床主运动系统的组成，通过数控车床操作更好地理解主轴旋转的工作原理，在车床出现故障时，能够根据主轴的结构"按图索骥"，快速定位故障点，保障生产的顺利进行。结合本课程的学习目标，本次任务的主要内容如下：

（1）掌握主运动定义。

（2）了解数控车床主运动系统的分类。

（3）掌握齿轮传动式数控车床主轴箱结构组成。

## 一、数控车床的主运动

主运动系统是实现机床主运动的传动系统，特点是具有稳定的速度比、有一定的变速范围、可以实现主运动旋转方向的切换。数控车床的主运动系统可以在一定的范围内实现恒线速度、恒角速度转动，能够实现主轴运动的启动/停止、变速和换向控制。

数控车床主轴一般由三爪卡盘带动毛坯旋转，是数控车床的主运动，因此与数控铣床主轴比较，数控车床主轴结构不需要开设刀具的拉紧机构，但这并不意味着数控车床主轴的结构更简单。数控车床主运动系统的结构需要根据其传动形式判定。在前一任务中了解到数控车床有高、中、低档分类，一定程度上代表了数控车床主传动系统的布置形式。一般来说，三种车床主运动系统的组成形式可以用表2-2-1说明。

表 2-2-1 高、中、低档数控车床主运动系统布置形式

| 车床类型 | 主运动系统布置形式 | 特点 |
|---|---|---|
| 高档 | 电主轴直驱 | 精度高，适用于小尺寸零件 |
| 中档 | 伺服电动机通过带轮、皮带驱动主轴 | 精度介于高档与低档数控车床之间 |
| 低档 | 齿轮副驱动主轴 | 精度较低，常见于传统数控车床 |

数控车削加工中工件与刀具的位置关系如图2-2-1所示，在切削加工表面与未加工表面之间存在过渡面，为了保证数控加工持续及完成数控车削加工，需要给主轴转速，这是车削加工中的主运动；同时，刀具需要沿工件轴向做线性运动，这是车削加工中的进给运动，两者配合实现数控车削加工。

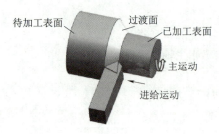

图 2-2-1 车削主运动示意图

在选用数控车削加工中心时，加工中的主运动与进给运动会有变化。比如在开启 $C$ 轴功能时，动力刀具自动回转，相当于铣削加工，这时由 $C$ 轴提供进给运动，动力刀具旋转则是主运动，如图2-2-2所示。

动力 ⇨ 变速 ⇨ 主轴运动 ⇨ 刀具旋转 ⇨ 切削实现

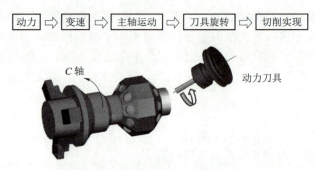

图 2-2-2 车削加工中心主运动示意图

• 学生任务

辨析进给运动与主运动的异同。

## 二、数控车床的主传动系统

### 1. 带有变速齿轮的主传动系统

带有变速齿轮的主传动系统是用普通电动机作为驱动装置的，通过齿轮传动系统实现机械变速，最终输出到主轴实现可变速的主运动的配置方式。它是一种传统的主传动形式，能够满足各种切削运动转矩输出的要求，但变速范围不大，有级变速在切削速度选择时会受到限制，并且该类型的传动链长、结构复杂，所以现在仅有少数经济型数控机床采用该配置，比如

CJK6140 型数控车床主运动系统。

观察附图纸一分析主轴箱内的结构与组成，并记录下部件名称。

_____

_____

_____

_____

_____

• 学生任务

观察带有变速齿轮的主传动系统可以看到有多组变速齿轮副，其传动系统是由电动机作动力源，通过皮带轮将动力输入，根据加工需要调整拨叉，带动齿轮副轴向移动，实现不同齿轮副的啮合以改变传动比，在保证输入恒定转速的情况下可以改变输出端的主轴转速，实现主轴转速调速的功能。此外，在主轴箱动力输入端设置双向多片式摩擦离合器，可以改变有效啮合齿轮副的奇偶性，从而改变主轴的旋转方向，实现主轴正转 M03 和主轴反转 M04 的切换。

由于实际带有变速齿轮的数控车床主轴箱（下面简称主轴箱）内部结构复杂，故可以按照图 2-2-3 所示的逻辑关系逐层认识，便于理解。首先，将主轴箱盖板打开，观察内部主要结构组成，可以看到动力输入轴、过渡轴、主轴及多组齿轮副、控制机构以及润滑油路。可以将主轴箱内部传动系统用传动示意简图的形式画出来，明确传动路径是在电动机的带动下，与电动机相连的轴转动，通过花键带动主动齿轮转动，由控制手柄改变齿轮副传动比，并将动力传递给主轴，主轴转动并可以在一定范围内调速。在认识上述传动系统组成后，根据仿真模型可以观察多组齿轮副啮合控制机构，同时在动力输入轴上可以看到有摩擦离合器，以实现主轴转向的切换。结合附图纸一可以详细观察组成部件并理解其工作原理。

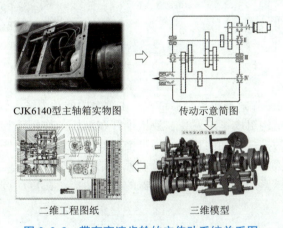

CJK6140型主轴箱实物图　　　传动示意简图

二维工程图纸　　　　三维模型

**图 2-2-3　带有变速齿轮的主传动系统关系图**

🔍 **小提示**

"贡艺必精苦"，知识的掌握离不开用心钻研。观察带有变速齿轮的主传动系统结构，请扫码观看视频。

**齿轮式主传动系统组成**

请根据自己的认识，阐述 CJK6140 型数控车床主传动系统的工作原理。

_____

_____

_____

_____

### 1） 变速机构

带有变速齿轮的主传动系统调节主轴转速的原理为：普通步进电动机通过皮带带动主轴箱输入端动力轴的旋转，通过控制调速手柄改变啮合齿轮副，达到改变传动比的目的。为了实现大范围、多级数的变速效果，主轴箱内开设了两根过渡轴，这样可以达到 14 级齿轮变速的效果，最终输出端带动主轴端面卡盘，实现主轴的变速转动。主轴传动示意图如图 2-2-4 所示，不同齿轮副的啮合可以改变主动轴与从动轴的传动比，以实现车床主轴的有级变速。

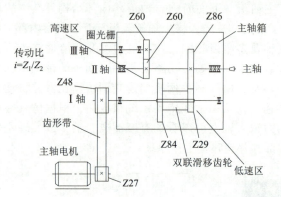

**图 2-2-4  主轴传动示意图**

### 2） 换向机构

图 2-2-5 所示为双向多片式摩擦离合器结构。主轴箱内的动力输入轴上开设有双向多片式摩擦离合器，观察离合器结构组成不难发现，液压推杆在液压的作用下移动，带动轴套控制元宝销钉的摆动，与之相连的推杆做轴向移动，通过销钉实现摩擦片的压紧与松开。具体来说，套在离合器轴上的套筒由液压拨叉控制移动，带动元宝销钉转动，销钉与内部的拉杆相连，拉杆轴向移动控制摩擦片的压紧和分离，实现离合器的离合功能。在传动过程中也允许两部分同步或异步转动。

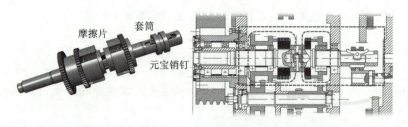

**图 2-2-5  双向多片式摩擦离合器结构**

摩擦离合器是由多组内摩擦片、外摩擦片、止推片、压块及空套齿轮等组成的，离合器左、右两部分结构相同。离合器左侧部分在动力轴的带动下旋转，传递的转矩较大，所以摩擦片片数较多；离合器右侧部分片数较少。当压块向左压时，内、外摩擦片相互压紧，轴的运动便通过内、外摩擦片之间的摩擦力传给空套齿轮，使主轴正向转动；同理，当压块向右压时，动力传给轴右端的齿轮，使主轴反转；当压块处于中间位置时，左、右离合器都处于脱开状态，这时离合器的轴虽然转动，但离合器不传递运动，主轴处于停止状态。因此，可以通过离合器的状态切换达到控制主轴输出端变换旋转方向的目的。简单来说，离合器摩擦片松开时，离合器空转；摩擦片压紧时，通过摩擦力带动离合器远离带轮一侧同步转动，这种切换改变了齿轮传动链啮合齿轮副的奇偶性，从而改变主轴的转向。

CJK6140 型数控车床主轴箱中使用的是双向多片式摩擦离合器，通过主动部分和从动部分接触面间的摩擦作用实现离合功能。在实际使用中，离合器的控制形式有多种，可以是以液体作为传动介质（液力偶合器）[1]，也可以是以磁力传动（电磁离合器）来传递转矩，同样可以实现暂时分离、逐渐接合的离合功能。

- 学生任务

学生任务分配表见表 2-2-2。

表 2-2-2　学生任务分配表

| 班级 | | 组号 | | 指导教师 | |
|---|---|---|---|---|---|
| 组长 | | 学号 | | | |
| 组员 | 姓名 | 学号 | | 姓名 | 学号 |
| | | | | | |
| | | | | | |
| | | | | | |
| | | | | | |
| 任务分工 | | | | | |

请根据自己的认识，小组讨论并阐述摩擦离合器的换向原理。

_____

_____

_____

_____

### 2. 交流电动机驱动的主传动系统

与普通电动机驱动的主传动系统相似，将普通电动机改为交流电动机作为主轴驱动的动力源，可以简化机械变速齿轮组，在一定程度上缩短传动链；在交流或直流电动机无级变速的基础上配以齿轮组变速，可以实现分段无级变速。其工作原理是变频电动机经一对齿轮变速后，再通过二联滑移齿轮带动主轴旋转，使主轴获得高速段和低速段两种转速区间，实现转速可调。其优点是能够满足各种切削运动的转矩输出；相比于普通电动机驱动的带有变速齿轮的主传动系统，具有更大范围的速度变化能力。此外，更简单的结构让安装调试更便捷，主要用于经济型或中、低档数控机床上，其结构示意图如图 2-2-6 所示。

---

[1]　查阅《离合器、制动器选用手册》，了解更多离合器类型与结构。

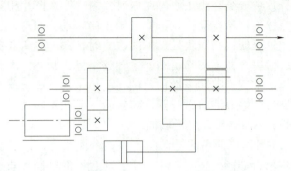

图 2-2-6　交流电机驱动、多级变速齿轮组主传动系统

### 3. 带传动的主运动系统

带传动的主运动系统主要适用于转速高、变速范围小的车床，多用于经济型数控车床，如图 2-2-7 所示。电动机自身的调速范围就能够满足加工要求，无须齿轮变速，避免了齿轮传动引起的振动与噪声，缩短了传动链，提高了加工精度。其适用于高速、低转矩特性要求的主轴，常用 V 形带和同步带作传动带。

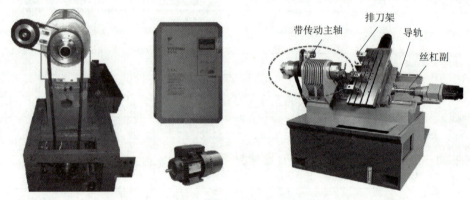

图 2-2-7　带传动的主运动系统

- 学生任务

请阐述数控车床主轴的变速工作原理，并解释什么是有级变速、什么是无级变速。

_____

_____

_____

_____

_____

_____

### 4. 双电动机驱动的主运动系统

双电动机驱动的主运动系统作为混合传动形式，是带有变速齿轮的主传动系统以及用交流电动机驱动的主传动系统两种传动方式的综合体，如图 2-2-8 所示。当需要车床主轴高转速时，电动机通过带轮直接驱动主轴旋转；当需要车床主轴低转速时，另一个电动机通过多级齿轮副传动的形式，驱动主轴变速旋转，变速齿轮能够实现降速和扩大变速范围的作用，这使得恒功率区增大，从而扩大了变速范围，克服了低转速时转矩不够、电动机功率不能充分利用的缺陷。

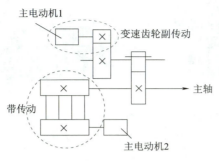

图 2-2-8 双电动机驱动的主传动系统

### 5. 电动机直连型主传动系统

电动机直连型主传动系统是将主轴电动机通过刚性联轴器直接驱动主轴的方式，省去了中间的传动装置，不需要传动齿轮副、传动带，进一步缩短了传动链，简化了主传动系统的结构，提高了传动精度，降低了扭矩和传动误差，提高了响应速度。其适合于轻载、高速加工车床。

### 6. 电主轴数控车床

超高速数控车床是实现超高速加工的物质基础，而高速主轴又是超高速数控机床的关键部件，它的性能直接决定了机床的超高速加工性能，不但应具有较高的转速，而且应该具有连续输出的高转矩能力和非常宽的恒功率运行范围的性能。因此，高转速、高精度、高速精密和高效率特性的数控机床电主轴应运而生。

与传统的主轴不同，不再由主轴电动机经传动系统带动主轴转动，而是将主轴与电动机制成一体，省去中间传动机构，主轴电动机本身充当了主轴的作用，即电主轴（或内装式主轴电动机）。这极大地简化了主轴驱动系统，使主轴部件结构紧凑、重量轻、惯量小，实现了所谓的"零传动"，因此大大提高了传动精度。这种主运动系统可以使转速提高，目前最高可达 200 000 r/min；若再配合使用先进的轴承（如陶瓷轴承、磁悬浮轴承等），可提高启动、停止的响应特性，利于控制振动和噪声，常用在超高速切削机床（高精机）上。但是在长期运行的状态下会使电动机运转产生的振动和热量直接传到主轴，使主轴组件的整机平衡、温度控制面临更大的挑战。控制温升的冷却问题是目前内装式主轴电动机的关键技术瓶颈。

电主轴由主轴本体、主轴箱、辅助装置（润滑、冷却装置）和检测装置组成。电动机的转子采用压配方法与主轴做成一体，主轴由前后轴承支承。转子和定子通过冷却套安装在主轴单元的壳体中。空心轴转子既是电动机的转子也是主轴，其中间是空心的，降低了转动惯性，提高了主轴转停的响应速度；带绕组的定子与电动机中的定子相似。高的转速对主轴轴承有高的要求，因此通常采用复合陶瓷轴承、电磁悬浮轴承、静压轴承、滚珠轴承。主轴单元内的温升由冷却装置控制，影响着主轴的旋转精度，其润滑方式通常采用油雾润滑、定时定量油气润滑和脂润滑。

电主轴在车床中的布置形式一般有两种，即内置式和悬臂式，如图 2-2-9 所示。前者的主电动机置于主轴前后轴承之间，这种结构主轴单元的轴向尺寸短、刚度好、输出转矩大；后者则是将主电动机置于主轴后轴承，同轴布置，这种结构有利于减小电主轴前端的径向尺寸，电动机散热条件好。

图 2-2-9 电主轴在车床中常见的布置形式

(a) 内置式电主轴；(b) 悬臂式电主轴

为了便于对比传统车床主轴与车削中心用电主轴的结构差异，我们可以观察图 2-2-10 和图 2-2-11。与传统车床主轴相比，电主轴是数控装备领域内出现的将机床主轴与电动机融为一体的新技术，电动机主轴与直线电动机技术、高速刀具技术一起，把高速加工推向一个新的时代。电主轴是一套组件，相比于传统车床主轴，它的结构更加紧凑。

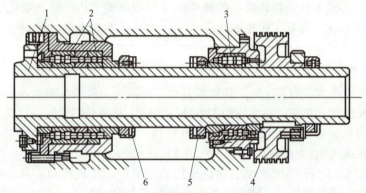

图 2-2-10 传统数控车床主轴的结构

1—车床主轴；2—前轴承；3—后轴承；4—带轮；5，6—调整螺母

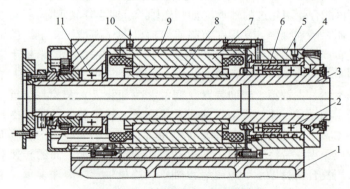

图 2-2-11 车削中心用电主轴结构

1—主轴箱体；2—主轴前轴承；3—主轴；4—切削液进口；5—主轴前轴承座；
6—前轴承冷却套；7—定子；8—转子；9—定子冷却套；10—切削液出口；11—主轴后轴承

目前电主轴电动机采用的是交流异步感应电动机，由于转速高，启动时主轴要从静止状态迅速升高到每分钟数万转甚至更高，这使得启动转矩大，因而启动电流要超出普通电动机额定电流的7~5倍。它的驱动方式有变频器驱动和矢量控制驱动器驱动两种，前者的特点是恒转矩驱动，即输出功率与转矩成正比。当前数控车床最先进的变频器采用的是晶体管技术，可以实现主轴的无级变速，其驱动特点是在低速端为恒转矩驱动、在中高速端为恒功率驱动。

- 学生任务

识读普通数控车床主轴与电主轴图纸，说明功能，阐述工作原理。

_____

_____

_____

_____

🔍 小提示

"人学始知道，不学非自然"，请及时复习，勤于总结。

- 学生任务

了解数控车床主运动系统的特点、性能及使用设备类型，并填写表2-2-3。

表 2-2-3　数控车床主运动系统

| 主轴结构类型 | 特点 | 性能 | 使用设备类型 |
|---|---|---|---|
| 普通电动机驱动—变速齿轮传动 | | | |
| 伺服电动机驱动—带传动 | | | |
| 双电动机驱动 | | | |
| 电动机直接驱动 | | | |
| 电主轴驱动 | | | |

🎧 任务小结

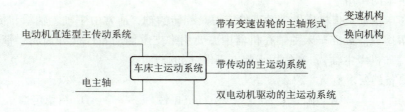

- 学习任务小结

新知识记录：_____

新技能记录：_____

小组协作体会：_____

 **任务评价**

任务综合目标评价表见表 2-2-4。

表 2-2-4　任务综合目标评价表

| 班级 | | | 姓名 | | 学号 | | |
|---|---|---|---|---|---|---|---|
| 序号 | 评价内容 | 具体要求 | | 完成情况 | | | 成绩 |
| 1 | 知识目标（40%） | 掌握主运动定义 | | 优□　良□　中□　差□ | | | |
| | | 了解数控车床主运动系统类型 | | 优□　良□　中□　差□ | | | |
| | | 掌握数控车床换向与变速机构原理 | | 优□　良□　中□　差□ | | | |
| 2 | 能力目标（40%） | 能够识读数控车床主轴图纸 | | 优□　良□　中□　差□ | | | |
| | | 能够识别数控车床的主运动系统 | | 优□　良□　中□　差□ | | | |
| | | 能够辨识车床主轴部件 | | 优□　良□　中□　差□ | | | |
| 3 | 素质目标（20%） | 培养专业图纸识读的能力 | | 优□　良□　中□　差□ | | | |
| | | 严谨的职业精神 | | 优□　良□　中□　差□ | | | |

**任务拓展**

请查找资料并阐述数控车削加工中心的 C 轴控制原理。

_____

_____

_____

_____

**课后测试与习题**

1. 数控车床主运动的概念

　　机床的主运动是直接切除工件上的被切削层，使之转变为切屑的运动。它是成形运动中的主要运动，即直接切除工件上的切削层，以形成共建新表面的运动。

2. 数控车床主轴的作用

　　数控车床主轴是指机床上带动工件或刀具旋转的轴，通常由主轴、轴承和传动件（齿轮或带轮）等组成。数控车床主轴在机器中主要用来支承传动零件（如齿轮、带轮），传递运动及扭矩（如机床主轴）；有的用来装夹工件（如心轴）。

3. 主轴应该具备的要求有（　　　）。

A. 回转精度　　　　B. 刚性　　　　C. 抗振性　　　　D. 热稳定性

答案：ABCD

4. 主轴传动系统的类型包括（　　　）。

A. 电机直连式　　　B. 齿轮传动式　　　C. 电传动式　　　D. 电主轴式

答案：ABCD

5. 下面属于机床主轴应该具有的特点的是（　　　）。

A. 调速功能　　　　　　　　　　B. 一定的静刚度和抗振性

C. 一定的回转精度　　　　　　　D. 一定的耐磨性

答案：ABCD

## 任务 2.3　数控车床主轴的精度检测

### 任务描述

某型数控车床在运转中出现主轴异响，停车后检测加工的零件发现形位公差数据超差，设备维修人员在定位机械故障后，需要完成主轴的保养及装调。

- **知识目标**
（1）了解数控车床主轴保养内容。
（2）掌握数控车床主轴精度检测原理。
- **能力目标**
（1）能够进行数控车床主轴的精度检测。
（2）能够进行数控车床主轴的日常保养与检查。
- **素质目标**
（1）体会团队协作。
（2）养成严谨的工作态度。

数控车床的仿真
搭建与检测

### 任务实施

数控车床是集机械工程、电气控制、液压气动技术于一体的制造装备，是现代化高新技术装备，其自动化程度高、结构复杂，为了充分发挥数控车床的经济效益，应尽量减少故障。好的数控车床养护是必要的，这需要机床操作与维护人员具备机械、液压气动、电子信息、自动控制及互换性检测综合技能知识，全面认知数控车床，做好维护与保养工作。

数控车床主运动系统为主轴转动传动动力，具有稳定的转速和调速范围，并能在一定范围内实现恒线速度转动。此外还具有运动的启停和换向功能。这就影响了主轴的运动精度，主轴箱内机构的保养与维护直接关系到机床加工的质量，需要设备维护人员进行保养与维护，必要时应该能够对主轴的精度进行检测。结合本课程的学习目标，本次任务的主要内容如下：

（1）掌握数控车床主轴保养的内容。
（2）掌握数控车床主轴精度检测原理。
（3）能够正确选用工具和检具。

### 一、主传动系统保养

#### 1. 带有变速齿轮的主传动系统保养

我们知道带有变速齿轮的主传动系统多用于中、低档数控车床，通过控制液压缸内部压强变化，推杆带动拨叉，驱动滑移齿轮轴向移动，实现不同传动比的齿轮副啮合，再通过交/直流电动机带动变速齿轮副，在电动机无级变速的基础上实现分段无级变速功能。这种使用多级变速齿轮的结构增加了传动链的长度。此外，长期服役的车床主轴箱内的啮合齿轮存在磨损情况。这都会影响数控车床零件加工的质量，需要定期维护。

##### 1）数控车床主传动系统的一级保养

一级保养是在日常保养的基础上，工作约 500 h 后进行的保养，包括运行前、运行中和运行后做的保养。

（1）清洁主轴外露部分。用气枪①吹干净主轴上粘附的废屑；吹干主轴上附着的切削液，防止锈蚀；擦拭干净油污；有条件的情况下可以用吸尘器清理主轴电动机转子端和电动机接线端子上的废屑，防止堆积，以避免进入轴承，加速轴承的磨损。

（2）检查主轴箱内润滑油液面是否正常。应保证润滑油持续润滑啮合齿轮副，避免过度磨损。

（3）完成上述检查后，上电试运行机床，尤其是在环境温度低的情况下需要开机空运行一段时间，暖机操作，观察车床是否有异常。

（4）检查主轴卡盘的液压夹紧力，要求安全可靠；按照整理、清扫、清理、安全四个方面检查，清洁数控车床周围环境。

（5）检查主轴润滑的恒温油箱，调节温度范围，及时补充油量，并清洗过滤器。

（6）未尽事宜应该按照设备使用操作管理制度执行。

● 学生任务

阐述数控车床主传动系统一级保养的注意事项。

_____

_____

_____

**2）数控车床主传动系统的二级保养（运行5 000 h）**

数控车床二级保养是以维持设备的技术状况为主要任务的检修形式，其工作量介于中等修理和小工作量修理之间，主要针对设备易损零部件进行修复或更换。要求在完成一级保养的全部工作之后，还要完成润滑部位的清洗，并结合换油周期检查润滑油的油质及清洗、换油。同时需要检查设备的动态技术状况与主要精度（噪声、振动、温升、油压、波纹、表面粗糙度等），调整机床的水平状态，更换并修复零部件，校验仪器仪表，刮研磨损的活动面导轨，修复安全装置。经过二级保养后，要求数控车床精度和性能达到的工艺要求是：无漏油、漏水、漏电，声响、振动、压力等符合机床技术标准。其主要工作内容包括：

（1）更换润滑油、清洗过滤网、拆洗滤油器，要求油路畅通；保证油杯齐全、油窗明亮；清洗油线、油毡。

（2）检查主轴定位螺丝，适当调整。

（3）调整带有变速齿轮的主运动系统的离合器摩擦片间隙。

（4）检查并更换必要的磨损件，如啮合齿轮和轴承。

（5）清洗主轴箱机盖外表及死角，要求机盖内外清洁、无锈蚀，漆见本色、铁见光。

（6）检查并调整车床主轴几何精度，使其能够达到出厂标准，或满足生产工艺要求。

● 学生任务

阐述数控车床主传动系统二级保养的注意事项。

_____

_____

_____

**3）数控车床主传动系统的三级保养**

作为设备更深层次的保养，需要在二级保养完成后才能进行。

（1）检查并清洗主轴箱箱体内的各零件，检查同步带，保证传动灵活、可靠，无异常噪声

---

① 气枪使用前应该确认空气压缩机正常工作，能提供正常气压。

和振动。

（2）检查、调整主传动系统的换向与制动装置，保证功能可靠、操作灵活。

（3）检查、清洗主轴箱内控表面，调整主轴传动系统间隙。

（4）检查液压卡盘的压力范围及脚踏控制开关。要求液压压力调节准确，卡盘活动灵活可靠。

（5）检查并校验主轴润滑系统的压力表，清洗滤油器，需要更换滤油器芯，要求清洁无污染。液压润滑装置对带有变速齿轮的主传动系统传动稳定性有重要作用，如图2-3-1所示。

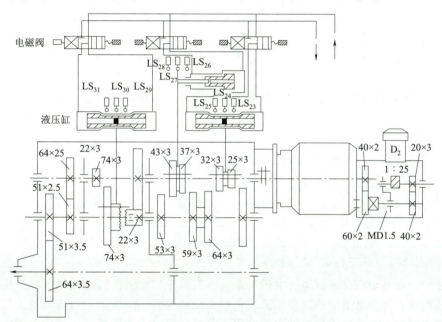

**图 2-3-1　带有变速齿轮的主运动系统结构示意图**

（6）检查并调整主轴主要精度，要求符合出厂的允差范围。

- 学生任务

阐述数控车床主运动系统三级保养的注意事项。

_____

_____

- 学生任务

带有变速齿轮的主传动系统三级保养的主要内容见表2-3-1。

表 2-3-1　辨析三个等级保养的主要内容

| 保养等级 | 带有变速齿轮的主传动系统保养的主要内容 |
|---|---|
| 一级保养 | |
| 二级保养 | |
| 三级保养 | |

- 学生活动

回想一个你在数控车床操作中遇到的故障，结合主传动系统的保养，阐述应该进行哪个等级、什么内容的保养。（比如：数控车床加工操作中出现机床蜂鸣警报，发现是润滑油过低，应该进行一级保养，需要操作员在数控车床开机前检查润滑油状态。）

_____

_____

_____

### 2. 带传动的主传动系统保养

该类型的主传动系统具有转速高、变速范围小的特点，主要用在经济型数控车床中。因为不需要齿轮变速，所以避免了齿轮传动引起的振动与噪声。在主传动系统的保养中，应该注意传动皮带的检查，主要包括：

（1）观察、调整主轴驱动传动带的松紧程度，防止因传动带打滑造成丢转现象，必要时更换传动带。

（2）传动带的带轮槽必须清理干净，槽内如果有油、污物、灰尘等会使传动带打滑，缩短使用寿命。

- 学生活动

写出带传动主传动系统保养的内容。

_____

_____

_____

### 3. 其他传动类型的主传动系统保养

除此之外，双电动机分别驱动的主传动系统兼有齿轮传动、带传动结构，养护注意事项可以参照上述内容；对于电主轴的数控车床主传动系统的保养，应重点进行废屑的去除，保持洁净，避免因废屑进入轴承加速高速轴承的磨损；避免废屑进入接线端子，造成主轴电动机的短路烧毁；电主轴的冷却循环系统是保证其正常工作的重要组成部分，应及时观察水泵是否正常工作及冷却水的洁净情况，保证水循环系统畅通。

## 二、数控车床主传动系统精度检测

### 1. 精度检测的重要意义

数控车床加工工件质量的影响因素有很多，比如温度变化、工装夹具、定位基准、刀具磨损、切削参数、对刀精度等，其中很重要的一项是数控车床本身的精度；同时，数控车床主传动系统也是切削加工的重要组成部分，因此需要检测车床主运动系统的精度，包括几何精度、传动精度、定位精度以及工作精度。这对于保证加工产品质量、提高经济效益有至关重要的作用。当发现精度不满足加工需要时，可以进行调整，及时消除产生废品的隐患。

- 引导问题

请同学们讨论并思考，数控车床的精度检测项目具体应该包括哪些？应使用何种检具？

_____

_____

_____

_____

🔍 **小提示**

"知之者不如好之者，好之者不如乐之者"，可以扫一扫下方二维码，观看卧式数控车床主轴精度检测说明。

### 2. 精度检测的内容

以卧式数控车床主轴精度检测为例，不论属于哪一种主传动系统结构类型，对于数控车床主轴精度检测都可以分为主轴部件精度检测（静态精度）和主轴工作精度（动态精度）检测。检测内容包括主轴后端盖内环与主轴装配造成的旋转精度误差，以及是否存在配合间隙。此外，主轴、主轴轴承及主轴箱体等部件形状与理想形状尺寸存在差异及叠加轴承精度和间隙的影响，都会导致主轴回转轴线的空间位置可能发生瞬时变动，造成振动，影响精度，主轴的装配状态也会影响精度。概括来说主轴需要进行精度检测的内容见表 2-3-2。

表 2-3-2　卧式数控车床主轴精度检测　　　　　　　　　　　　mm

| 检验项目 | 使用检具 | 允许公差 | | |
|---|---|---|---|---|
| 主轴的轴向窜动 | 检验棒、百分表/千分表、百分表座 | 床身上最大工件回转直径 | | |
| | | ≤400 | 400~800 | 800~1 250 |
| | | 0.01 | 0.015 | 0.02 |
| 主轴端面跳动 适用于可换卡盘的主轴 | | 床身上最大工件回转直径 | | |
| | | ≤400 | 400~800 | 800~1 250 |
| | | 0.02 | 0.025 | 0.03 |
| 主轴径向跳动 | | 床身上最大工件回转直径 | | |
| | | ≤400 | 400~800 | 800~1 250 |
| | | 0.01 | 0.01 | 0.01 |

### 3. 主轴精度检测操作

#### 1）主轴预装配精度检测操作方法

测量操作时，应该先把测量基座轻轻压在工件的基准面上，两个端面必须接触工件的基准面，测量轴类台阶状零件时，测量基座的端面一定要压紧在基准面，再移动尺身，直到尺身的端面接触到工件的测量面（台阶面），然后用紧固螺钉固定尺框，提起卡尺，读出深度尺寸。多台阶小直径的内孔深度测量要注意尺身的端面是否在要测量的台阶上，当基准面是曲线时，测量基座的端面必须放在曲线的最高点上，测量出的深度尺寸才是工件的实际尺寸，否则会出现测量误差。其操作步骤如下：

（1）用手放置 V 形块。

（2）用抹布清洁主轴，然后放置在 V 形块上。

（3）用抹布清洁、检验芯棒，然后装在主轴上。

（4）放置百分表，使测头接触检验芯棒。

（5）拧松拉杆螺母。

（6）用手旋转主轴 90°，反复 3 次测量远端跳动量。

（7）移动百分表靠近主轴近端，采用同样的方法测量近端跳动量。

主轴回转精度检测如图 2-3-2 所示。

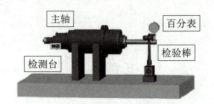

图 2-3-2　主轴回转精度检测

若检测全跳动确实出现超差的问题，则需要拆卸主轴部件检查零部件本身的状态，检查是否出现破损；如果没有破损，推测是装配的原因，可能是主轴后端盖内环与主轴装配时造成的旋转精度误差，需检测出后端盖内环与主轴的配合间隙，这就需要检测轴套类零件的精度。

以 CKA6150 型数控车床主轴为例说明轴承对于精度的影响。车床主轴是空心阶梯轴，内孔用于通过长的棒料，也可用于通过气动、电动及液压夹紧装置的机构。主轴前端的锥孔用于安装顶尖套、前顶尖或者心轴，利用锥面配合的摩擦力直接带动心轴或工件转动。

如图 2-3-3 所示，可以观察到主轴安装在三个支承上。前支承中有三个滚动轴承，靠近前端面的是 C 级精度的 3182124K 型双列圆柱滚子轴承，用于承受径向力。这种轴承具有刚性好、精度高、尺寸小、承载能力大等优点。后支承采用一对 7020ACTA/P5DBB 型号的向心推力轴承。主轴支承对主轴的运转精度及刚度影响很大，主轴轴承应在无间隙（或少量过盈）的条件下运转，否则会影响机床的加工精度，因此主轴轴承的间隙须定期进行调整。

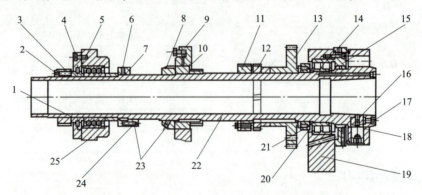

图 2-3-3　CKA6150 型数控车床主轴装配结构图

1，10，14—轴承；2，7，17，23—螺钉；3，21—锁紧螺母；4，15—法兰盘；
5，20—隔套；6—平衡环；8，11—螺母；9—润滑油管；12，13—齿轮；
16—弹簧；18—锁紧凸轮；19，25—箱体；22—主轴；24—平衡块

2）**轴承间隙引起主轴精度降低调整方法**

前轴承间隙的调整方法如下：首先松开前端调整螺母上的锁紧螺钉，然后拧紧调整螺母，这时 3182124K 型的内环就相对于主轴锥面向右移动，由于轴承的内环很薄，而且内孔也和主轴锥面一样，具有 1∶12 的锥度，因此，内环在轴向移动的同时做径向弹性膨胀，以调整轴承径向间隙或预紧的程度，调整妥当后，拧紧调整螺母的锁紧螺钉。主轴的径向跳动及轴向跳动允差都是 0.01 mm。主轴的径向跳动影响加工表面的圆度和同心度；轴向跳动影响加工端面的平面度及螺距精度。一般情况下，当主轴的跳动量超过允许值时，只需适当调整前支承的间隙，

即可使主轴跳动量调整到允许值内；若径向跳动仍达不到要求，则应调整后轴承。

• 学生活动

请简述主轴精度检测的主要内容。

_____

_____

_____

_____

3）车床主轴静态精度检测

数控车床的静态精度是指车床在空载条件下检测的各种精度，主要是指机床部件自身的几何精度。因为主轴受自身轴颈、内锥孔等加工精度的影响非常大，所以必须严格控制部件自身的尺寸和形状误差，一般要求其精度高于配合件的相对应精度。此外还包括运动精度、传动精度、定位精度等，其是在机床空载或者低速转动情况下表征机床精度的指标。在检测精度时，使用的检验工具的精度必须比所检测的几何精度高出一个数量等级。数控车床静态精度的内容及影响因素见表2-3-3。

表 2-3-3  数控车床静态精度的内容及影响因素

| 分类 | 内容 | 加工影响 | 检测用具 |
|---|---|---|---|
| 几何精度 | 车床基础件工作面的几何精度，是静止或者低转速情况下的精度 | 决定各部件的空间位置关系，保证加工精度的前提 | 水平仪<br>直角尺 |
| 传动精度 | 车床内传动链两末端件之间的相对运动精度 | 车削螺纹时，由于传动链的误差导致主轴转动量与刀架的移动量不同于螺距而形成的误差 | 测微仪<br>游标卡尺<br>百分表 |
| 定位精度 | 运动中要达到的位置实际与理论的差值 | 通过试切、测量工件尺寸来确定定位精度 | 百分表<br>千分表 |

• 学生任务

数控车床的静态精度都包括哪些？

_____

_____

_____

_____

4）车床主轴动态精度检测

数控车床的动态精度一般指数控车床在加工过程中实际加工工件的精度与理论符合的程度。相对于静态精度，动态精度对于机床性能的反映更具有工程实际意义，它主要是由主轴的回转精度表征的，具体内容见表2-3-4。

表 2-3-4  数控车床动态精度

| 分类 | 内容 | 实例 | 措施 |
|---|---|---|---|
| 轴承误差 | 主轴颈和轴承内孔的圆度误差 | 主轴颈是椭圆形，主轴每转一圈，主轴回转轴线会有两次径向跳动；若主轴颈存在波度，则主轴回转轴线会出现高频径向跳动 | 水平仪直角尺 |

| 分类 | 内容 | 实例 | 措施 |
|------|------|------|------|
| 热变形 | 产生的变形不一致而使主轴产生旋转误差 | | 开设冷却润滑系统 |
| 主轴转速 | 主轴部件自身质量不平衡、机床各种随机振动会使主轴转速提高，主轴回转轴线的位移迅速增大 | | 主轴转速应在最佳转速范围内，尽量避开机床共振区 |
| 轴承间隙 | 轴承内外圈之间的间隙、轴承游隙、轴承间的轴向间隙 | 轴承间隙会使主轴发生静位移，也会使主轴轴线做复杂的周期运动 | 适量的预紧 |
| 配合误差 | 轴承内外圈或轴瓦的变形产生圆度误差，使轴承装配时因受力不均造成滚道倾斜，产生的径向和轴向误差 | | 开设冷却润滑系统 |

#### 5) 精度检测用具

（1）平板工作台。

平板工作台作为承载小型零件的精度检测辅助设备，按照材料分类主要包括钢制、铸铁、大理石三种。钢制平板一般用于冷作放样或样板修整；铸铁平板除具有钢制平板用途外，经压砂后可作研磨工具；大理石平板无须涂防锈油脂即可直接使用，受温度影响较小，但湿度高时易变形。按照等级划分功能主要包括0、1、2级平板作检验使用，3级平板作划线使用。在使用过程中需要注意以下事项：

①平板应安放平稳，一般用三个支承点调整水平面。大平板增加的支承点须垫平、垫稳，但不可破坏水平，且受力须均匀，以减少自重变形。

②平板应避免因局部使用过于频繁而磨损过多，使用中应避免热源的影响和酸碱的腐蚀。

③平板不宜承受冲击、重压或长时间堆放物品。

（2）直角尺。

直角尺简称角尺，是检验和划线工作中常用的量具，用于检测工件的垂直度及工件相对位置的垂直度，是一种专业量具，适用于机床、机械设备及零部件的垂直度检验、安装加工定位及划线等。直角尺作为机械行业中的重要测量工具，在有些场合还被用作靠尺。其具有以下特点：

①00级和0级直角尺一般用于检验精密量具；1级用于检验精密工件；2级用于检验一般工件。

②使用前，应先检查各工作面和边缘是否被碰伤。直角尺长边的左、右面和短边的上、下面都是工作面（即内外直角），使用时应将直角尺工作面和被检工作面擦净。

③使用时，将直角尺靠放在被测工件的工作面上，用光隙法鉴别工件的角度是否正确，注意轻拿、轻靠、轻放，防止变曲变形。

④为求精确测量结果，可将直角尺翻转180°再测量一次，取二次读数的算术平均值为其测量结果，可消除角尺本身的偏差。

（3）游标卡尺。

作为一种测量长度、内外径、深度的量具，一般由主尺和附在主尺上能滑动的游标两部分构成。使用时需要注意：

①使用前，应先把量爪和被测工件表面的灰尘、油污擦拭干净，以免影响测量精度。检查各部位的相互作用，如尺框和微动装置移动是否灵活、紧固螺钉是否能起作用；检查零位，使游标卡尺两量爪紧密贴合，用眼睛观察应无明显的光隙；观察游标零刻线与尺身零刻线是否对

准，游标的尾刻线与尺身的相应刻线是否对准。

②使用时，要掌握好量爪面同时工作表面接触时的压力，既不能太大，也不能太小，应刚好使测量面与工件接触；在读数时应使视线尽可能地与尺上所读的刻度线垂直，以免由于视线的歪斜而引起读数误差。在同一位置多次测量，取平均值，减少随机误差。

③使用后，应将游标卡尺擦拭干净，平放在专用盒内，尤其是大尺寸游标卡尺。注意防锈、防止主尺弯曲变形，且不要放在强磁场附近（如磨床的磁性工作台上），以免使游卡尺感受磁化，影响使用。

（4）百分表。

百分表常用于形状和位置误差以及小位移的长度测量。改变测头形状并配以相应的支架，可制成百分表的变形品种，如厚度百分表、深度百分表和内径百分表，适用于测量普通百分表难以测量的外圆、小孔和沟槽等的形状和位置误差。

①使用前，应检查测量杆活动的灵活性，没有任何卡顿现象为宜，每次压力释放后，指针能回到原来的刻度位置。

②使用时，应将百分表固定在可靠的夹持架上；不要超量程使用，不要使表头突然撞到工件上；在测量平面时，百分表的测量杆要与平面垂直，测量圆柱形工件时，测量杆要与工件的中心线垂直，否则将影响测量结果；为方便读数，在测量前一般都让大指针指到刻度盘的零位。

③使用后，解除表头所有负荷，保存于盒内，注意防潮处理。

数控车床主轴精度检测调整工具、检具见表 2-3-5。

表 2-3-5  数控车床主轴精度检测调整工具、检具

| 名称 | 大理石平板工作台 | 直角尺 | 游标卡尺 | 百分表 |
|---|---|---|---|---|
| 图样 | | | | |
| 名称 | 六方扳手 | 橡皮锤 | 液压拉马 | 深度卡尺 |
| 图样 | | | | |

● 学生任务

学生任务分配表见表2-3-6。

表2-3-6　学生任务分配表

| 班级 | | | 组号 | | | 指导教师 | |
|---|---|---|---|---|---|---|---|
| 组长 | | | 学号 | | | | |
| 组员 | 姓名 | | 学号 | | 姓名 | | 学号 |
| | | | | | | | |
| | | | | | | | |
| | | | | | | | |
| 任务分工 | | | | | | | |

观察教学车床主轴，设计主轴精度检测及装调的操作步骤（注明使用工具检具）。

_____

_____

_____

_____

_____

_____

_____

_____

带传动型数控车床主轴装配流程如图2-3-4所示。

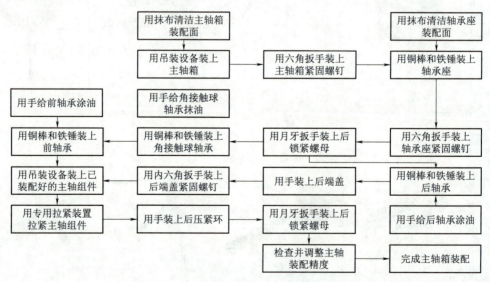

图2-3-4　带传动型数控车床主轴装配流程

## 任务小结

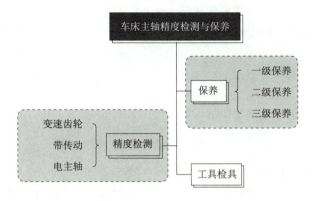

- 学习任务小结

新知识记录：_____

新技能记录：_____

小组协作体会：_____

## 任务评价

任务综合目标评价表见表2-3-7。

表 2-3-7　任务综合目标评价表

| 班级 | | | 姓名 | | 学号 | | |
|---|---|---|---|---|---|---|---|
| 序号 | 评价内容 | 具体要求 | | | 完成情况 | | 成绩 |
| 1 | 知识目标<br>（40%） | 掌握数控车床主轴精度检测原理 | | 优□　良□　中□　差□ | | | |
| | | 掌握数控车床主轴三级保养内容 | | 优□　良□　中□　差□ | | | |
| | | 能够进行数控车床主轴的精度检测 | | 优□　良□　中□　差□ | | | |
| 2 | 能力目标<br>（40%） | 能够进行数控车床主轴的日常保养与检查 | | 优□　良□　中□　差□ | | | |
| | | 能够分析并处理学习情境任务 | | 优□　良□　中□　差□ | | | |
| 3 | 素质目标<br>（20%） | 团队协作意识 | | 优□　良□　中□　差□ | | | |
| | | 严谨的工作态度 | | 优□　良□　中□　差□ | | | |

## 任务拓展

查找资料，阐述电主轴保养内容。

_____

_____

_____

_____

_____

_____

1. 数控车床主轴精度检测的项目主要包括（　　　）。

    A. 导轨副平行度　　　B. 回转精度　　　　　C. 轴向窜动　　　D. 平面度

    **答案：BC**

2. 数控车床主轴热变形属于＿＿＿＿＿。

    **答案：动态精度检测**

3. 数控车床的主轴精度检测选用的测量仪是（　　　）。

    A. 直角尺　　　　　　B. 游标卡尺　　　　　C. 百分表　　　　D. 水平仪

    **答案：C**

4. 数控车床主传动系统拆洗滤油器，属于（　　　）类型。

    A. 日常保养　　　　　B. 一级保养　　　　　C. 二级保养　　　　D. 三级保养

    **答案：C**

5. 以下哪种类型的主传动系统最容易出现反向传动间隙问题（　　　）。

    A. 调速齿轮副　　　　B. 带传动　　　　　　C. 电动机直驱　　　D. 内置电主轴

    **答案：A**

## 任务 2.4　数控车床的进给系统的搭建

### 任务描述

    某型数控车床在启动加速段出现进给抖动的现象，检测加工零件发现表面质量低，需要检查进给系统，确定故障。

- **知识目标**

（1）掌握进给系统定义。

（2）掌握进给传动系统组成。

- **能力目标**

（1）能够辨析数控车床进给系统的类型。

（2）了解普通数控车床进给运动的工作原理。

- **素质目标**

精益求精的工匠精神。

数控车床
机械组成

### 任务实施

    数控车床进给传动系统是伺服系统的重要组成部分，它将伺服电动机的旋转运动或伺服电动机的直线运动通过机械传动机构转化为执行机构的直线或回转运动。作为数控车削加工的重要运动之一，掌握进给系统的组成、了解进给传动的工作原理、维护进给传动的精度是保证数控车削加工质量的关键，也是进行进给系统保养的基础。结合本课程的学习目标，本次任务的主要内容如下：

    （1）掌握进给系统的定义。

（2）掌握数控车床进给运动系统的组成。

（3）了解普通数控车床进给运动的工作原理。

（4）能够辨析机床进给系统的类型。

## 一、数控车床进给运动

进给运动是使刀具与工件之间产生相对运动，能够连续切除工件上多余的金属，并形成工件表面所需的运动，其可以维持加工不断进行。进给运动可以是线性运动，也可以是回转运动，前者通常反映在普通数控车床中，而在数控车削加工中心上进给运动也可以是 $C$ 轴运动，如图 2-4-1 所示。

**图 2-4-1　数控车削加工中心和普通数控车床的进给运动示意图**

无论是数控车床还是数控车削加工中心，也无论是点位控制还是轮廓控制，进给运动都是由数字控制的，都是通过伺服系统控制车床移动部件的位置和速度，即通过接收插补装置生成的进给脉冲指令，经信号变换及电压、功率放大后，将其转化为拖板相对于主轴毛坯的运动。作为数控装置和机床的联系环节，加工工件的精度受进给运动的传动精度、灵敏度和稳定性的影响。

### • 学生任务

辨析数控车削加工中心和普通数控车床的进给运动。

_____

_____

_____

_____

_____

## 二、数控车床进给传动系统组成

为了方便观察，我们将水平床身卧式数控车床的进给系统从机床中独立出来，并拆开观察内部结构，如图 2-4-2 所示。可以看到数控车床的进给传动系统由 $X/Z$ 两组传动系统组成，都是伺服电动机通过联轴器带动丝杠螺母副，将伺服电动机的旋转运动转变成螺母的线性运动，

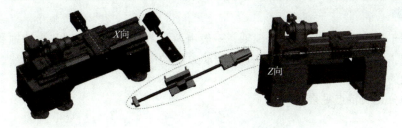

**图 2-4-2　水平床身卧式数控车床的进给系统**

进而带动拖板运动，其中，丝杠的长度决定了车床的加工范围，这就是普通数控车床的进给运动。这种传动系统无中间传动链，进给快、稳定且响应迅速，但是防护要求特别高，尤其是要防止废屑进入轮旋槽内。其传动精度如最高移动速度、跟踪精度、定位精度等重要指标都是由伺服系统的静态与动态性能决定的。

### 1. 进给系统伺服电动机

伺服①电动机（Servo Motor）是指在伺服系统中控制机械元件运转的电动机。伺服电动机作为进给系统的驱动元件，应满足相应的要求，如具有高精度、响应快、宽调速、大转矩特点。进给系统在低速运行过程中容易出现爬行现象，为避免加工不利的影响因素，也要求伺服电动机在最低进给速度到最高进给速度范围内都能平稳运转，保证转矩的波动较小；载荷方面应该能够满足在较长的时间下具有较大过载的能力。此外，电动机应该能够承受频繁的启动、制动和反转，以满足加工的需要。伺服电动机一般可分为步进伺服电动机、直流伺服电动机、交流伺服电动机三种，具体的特点及分类见表 2-4-1。

表 2-4-1　伺服电动机的分类及特点

| 名称 | 内容 | 实物 |
|---|---|---|
| 步进式 | 将电脉冲信号转换成机械角位移的驱动元件，具有定位与运转两种状态。输入一个电脉冲，就回转一个固定的角度，称为步距角，一个步距角就是一步，所以称为步进电动机 | |
| 直流式 | 直流电动机具有良好的调速特性，但是一般直流电动机转子转动惯量过大，而输出转矩则相对较小，导致动态特性较差，尤其是在低速运转条件下。因此，在进给伺服机构中使用的是经过改进结构、提高特性的大功率直流伺服电动机 | |
| 交流式 | 交流伺服电动机采用了全封闭无刷构造，不需要定期检查与维修定子，省去了铸造件壳体，比直流电动机在外形尺寸上减小了 50%，重量减轻近 60%，是三种伺服电动机中性能最高、应用最广的一种 | |

- 学生任务

观察数控车床进给系统使用的电动机是哪种类型的？有何优点？

_____

_____

_____

_____

### 2. 联轴器

联轴器用于连接不同机构中的两根轴，一般由两半部分组成，分别与主动轴和从动轴连接使其共同旋转，以传递转矩。在高速、重载的动力传动中，有些联轴器还有缓冲、减振和提高轴系动态性能的作用。

联轴器的分类及特点见表 2-4-2。

_____

① "伺服"源于 servo，是 service 的变意，理解为按照人类的想法去控制机械运动。

表 2-4-2 联轴器分类及特点

| 名称 | 内容 | 实物 |
|---|---|---|
| 波纹管式 | (1) 具有超强纠偏性；<br>(2) 顺/逆时针回转特性完全相同；<br>(3) 耐高温、免维护；<br>(4) 适用于小转矩传动；<br>(5) 零回转间隙 | |
| 梅花式 | (1) 工作稳定、可靠；具有良好的减振、缓冲性能，大的轴向/径向补偿能力；<br>(2) 高强度聚氨酯弹性元件，耐磨、耐油，承载能力大；<br>(3) 使用寿命长，适用于中等转矩传动 | |
| 膜片式 | (1) 传动精度高、承载能力大、适用范围广、使用寿命长、工作温度范围大、结构简单；<br>(2) 可在腐蚀介质中工作，没有磨损件，不需要润滑，易于维修；<br>(3) 振动小、无噪声；<br>(4) 靠膜片的弹性变形来补偿所连两轴的相对位移；<br>(5) 适用于中等以上转矩的转动 | |

● 学生任务

观察数控车床进给系统使用的联轴器是哪种类型的？有何优点？

_____

_____

_____

_____

### 3. 丝杠螺母副

滚珠丝杠螺母副是一种在丝杠与螺母间装有滚珠作为传动元件的运动副，主要由滚珠、螺母、丝杠、滚珠循环装置部分组成，如图 2-4-3 所示。在伺服电动机的驱动下，滚珠丝杠螺母副可以实现回转运动向线性运动的转变，这是因为当丝杠旋转时，滚珠在滚道内既自转又沿着滚道循环转动，从而迫使螺母轴向移动，实现回转运动向线性运动的转变，目前在普通数控车床上广泛应用。与传统丝杠相比，滚珠丝杠螺母副具有高传动精度、高效率、高刚度、可预紧、运动平稳、寿命长和低噪声等优点。

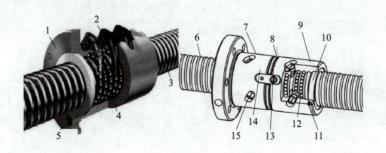

图 2-4-3 滚珠丝杠螺母副结构组成示意图

1—螺母；2，15—反向器；3，6—丝杠；4，12—滚珠；5，10—防尘圈；
7—法兰螺母；8—垫片；9—圆柱螺母；11，13—螺钉；14—键滚珠丝杠螺母副的工作原理是在丝杠和螺母上各加工有圆弧形螺旋槽，将它们套装起来就形成了完整的螺旋形滚道，在滚道中装填滚珠。当丝杠相对于螺母旋转时，丝杠的旋转面经滚珠推动螺母轴向移动，同时滚珠沿螺旋形滚道滚动，使丝杠和螺母之间的滑动摩擦转变为滚珠与丝杠、螺母之间的滚动摩擦。螺母旋转槽的两端用回珠管连接起来（也称为反向器），使滚珠能够从一端回到另一端，构成一个闭合的循环回路，往复循环。螺母的两侧设有密封圈，以保护螺母内部环境免受杂质、废屑的影响。

根据滚珠回转的方式，滚珠丝杠螺母副有以下类型，见表2-4-3。

表2-4-3 滚珠丝杠螺母副的分类及特点

| 名称 | 内容 | 示意图 |
|---|---|---|
| 外循环 | 导流器的作用是在螺母端部沿丝杠切线方向将滚珠斜向拉起，并通过设在螺母内部的导流孔。其特点是螺母外径小，可进行微型设计，无噪声，高速传送 | 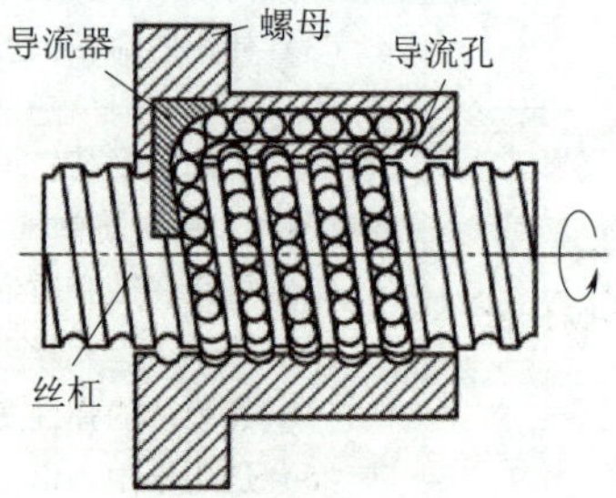 |
| 内循环端面循环 | 滚珠在循环过程中始终与丝杠保持接触，通过反向器跨越相邻的两个滚道，滚珠从螺纹滚道通过反向器进入相邻滚道，形成一个闭合的循环回路。特点是工作滚珠数目少、顺畅性好、摩擦小、效率高 | 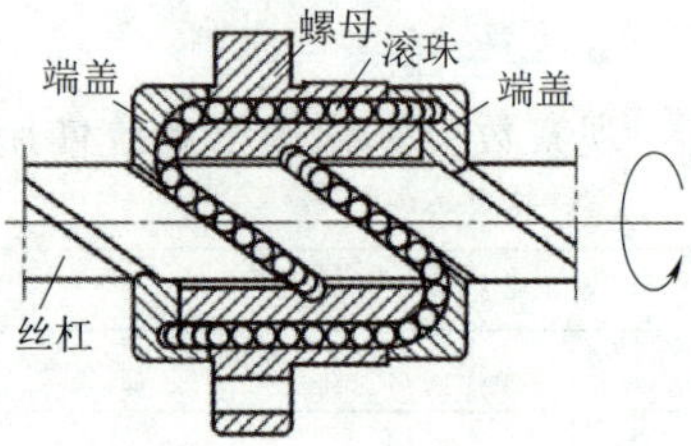 |

- 学生任务

自行查阅技术资料，将滚珠丝杠螺母副的分类概述完整。

_____

_____

_____

滚珠丝杠螺母副的分类见表2-4-4。

表2-4-4 滚珠丝杠螺母副的分类

| 名称 | 外循环插管式 | 双螺母外循环 | 内循环端块式 | 内循环浮动式 |
|---|---|---|---|---|
| 实物 | 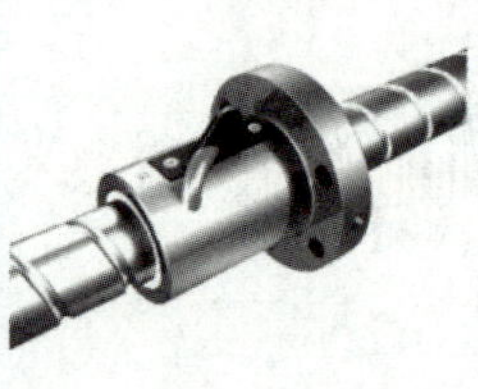 |  | 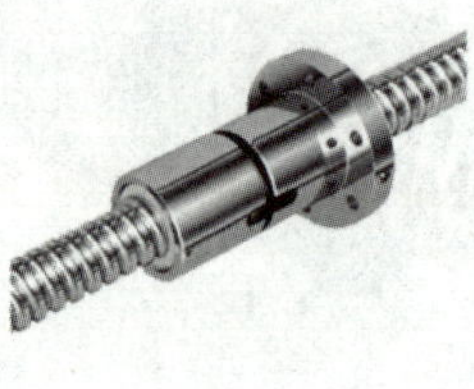 |  |

进给系统的完整组成如图2-4-4所示。

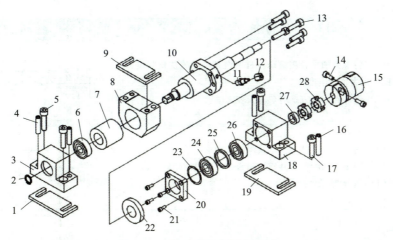

图 2-4-4  滚珠丝杠螺母副组成

1，19—E 形调节块；2—轴用弹性挡圈-B 型；3—*X/Y* 轴轴承座；4，16—内螺纹圆锥销 6×25；

5，17—螺钉；6—普通深沟球轴承 6 000（E 级）；7—缓冲垫；8—*X/Y* 轴丝杠螺母座；

9—*X/Y* 轴丝杠螺母座 1 调整垫；10—*X/Y* 轴丝杠；11—丝杠用管接头（M6×0.75/M6）；

12—丝杠用管接头螺母；13—内六角螺钉 M5×20；14—内六角螺钉 M4×10；15—联轴器；

18—*X/Y* 轴轴承座调整垫；20—*X/Y* 轴轴承座 1 轴承盖；21—内六角螺钉 M3×8；

22—缓冲垫；23—轴承座盖垫；24，26—单列角接触球轴承 7 000C（E 级）；

25—隔圈；27—隔垫；28—小圆螺母 M10×1

● 学生任务

参照数控车床设备，对应查看零件，阐述零件的作用。

_____

_____

### 4. 滚珠丝杠的安装方式

螺母座、丝杠端部的轴承及其支承加工的不精确性和承受载荷下的过量变形，都会影响进给系统的传动性，因此滚珠丝杠的安装及支承方式选择对于进给系统的正常运行有很大影响。这需要螺母座孔与螺母之间配合良好，并应保证孔对端面的垂直度。螺母座应适当增加加强肋板，增加螺母座和机床接合部件的面积，以提高螺母座的局部刚度和接触刚度。滚珠丝杠螺母副常用的支承形式见表 2-4-5。

表 2-4-5  滚珠丝杠螺母副的支承形式

| 类型 | 特点 | 示意图 |
|---|---|---|
| 固定-自由 | （1）一端装推力轴承，一端悬臂；<br>（2）承载能力小，轴向刚度低，仅适用于短丝杠 |  |
| 固定-支承 | （1）一端装推力轴承，另一端装深沟球轴承；<br>（2）当滚珠丝杠较长时，为了减小丝杠热变形的影响，推力轴承的安装位置应远离热源 |  |

| 类型 | 特点 | 示意图 |
|---|---|---|
| 推力轴承 | （1）将推力轴承装在滚珠丝杠的两端，并施加预紧拉力，有助于提高传动刚度；<br>（2）但这种安装方式对热伸长较为敏感 | 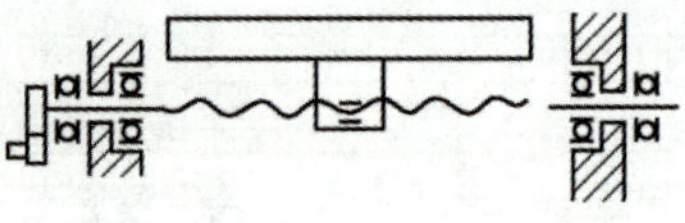  |
| 固定-固定 | （1）两端装双重推力轴承及深沟球轴承；<br>（2）双重支承的形式并施加预紧力，可以使丝杠的热变形能转化为推力轴承的预紧力 | 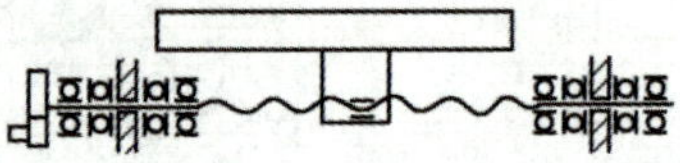  |

- 学生任务

学生任务分配表见表 2-4-6。

表 2-4-6　学生任务分配表

| 班级 | | 组号 | | 指导教师 | |
|---|---|---|---|---|---|
| 组长 | | 学号 | | | |
| 组员 | 姓名 | 学号 | | 姓名 | 学号 |
| | | | | | |
| | | | | | |
| | | | | | |
| 任务分工 | | | | | |

小组完成数控车床设备 $X/Z$ 向滚珠丝杠螺母副安装形式的检查。

_____
_____
_____
_____

### 5. 滚珠丝杠的制动

滚珠丝杠螺母副用润滑来提高耐磨性及传动效率，但不具有自锁功能。在用于非水平方向传动的情况下，如果传动系统本身重量没有平衡，则应该注意防止在传动停止或电动机断电后，因部件自重导致逆转动。目前工程上用的方法包括使用超越离合器或带有抱闸功能的伺服电动机等。

- 引导问题

斜床身的滚珠丝杠螺母副制动性问题（见图 2-4-5）解决策略。

_____
_____
_____
_____
_____

(a)                                              (b)

**图 2-4-5　斜床身的滚珠丝杠螺母副制动性问题**

（a）平床身；（b）斜床身

### 6. 滚珠丝杠螺母副的主要技术参数

首先应该根据机床的载荷来选定丝杠的直径（公称直径 $D_0$），涉及验算丝杠扭转刚度、压曲刚度、临界转速与工作寿命；根据数控车床各坐标轴的定位精度选择导程（$P_h$），这是因为丝杠精度中的导程误差对机床定位精度影响最明显，而丝杠在运转中由于温升引起的丝杠伸长将直接影响机床的定位精度。滚珠丝杠螺母副根据精度的不同分为 T 类和 P 类，后者精度更高，适用于高精度传动。此外，还应根据加工范围选择长度 L。对于滚珠来说滚珠直径 $D_w$、工作圈数、列数和工作滚珠总数对丝杠的工作特性影响较大，这些参数都应该作为滚珠丝杠螺母副的主要技术参数。

## 三、数控车床进给系统的类型

### 1. 开环控制系统

开环控制系统是指不带位置反馈装置的控制系统。由步进电动机作为驱动器件，数控装置根据所要求的运动速度和位移量，向环形分配器与功率放大电路输出一定频率和数量的脉冲，使相应坐标轴的步进电动机转过相应的角位移，再经过机械传动链实现运动部件的直线移动，运动部件的速度与位移量由输入脉冲的频率和脉冲数决定。

开环控制系统示意图如图 2-4-6 所示。

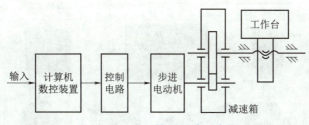

**图 2-4-6　开环控制系统示意图**

开环控制系统的优点是结构简单、工作稳定、价格低廉等。但输出扭矩值的大小常受到限制，难以实现运动部件的快速控制，不能进行误差校正，步进电动机的步距角误差、齿轮和丝杠组成的传动链误差都会影响零件加工的精度。

### 2. 半闭环控制系统

半闭环控制系统是在开环控制系统的电动机轴上装有角位移检测装置，通过检测伺服电动机的转角，间接地检测运动部件的位移或角位移值，并反馈给数控装置的比较器，与输入指令进行比较，用差值控制运动部件。随着脉冲编码器的迅速发展，尤其是高分辨率脉冲编码器的出现，使得数控机床的传动精度有了大幅度的提升。但由于半闭环控制不包含运动部件的机械传动链，所以传动链的误差无法校正且难以消除。

半闭环控制系统示意图如图2-4-7所示。

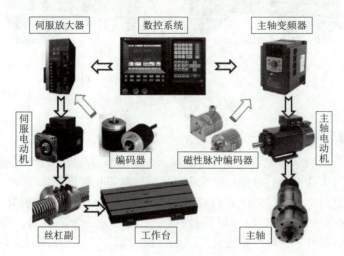

**图2-4-7 半闭环控制系统示意图**

目前使用的滚珠丝杠螺母副具有很高的精度和精度保持性，能够消除反向运动间隙，可以满足大多数用户的需要，并且该控制系统具有调试方便、稳定性好、成本低等优点。半闭环控制系统已经成为首选的控制方式。

### 3. 闭环控制系统

闭环控制系统是在机床运动部件上直接安装反馈检测装置，将直接检测到的位移或角位移值反馈到数控装置的比较器中，与输入指令位移量进行比较，用差值控制运动部件，使运动部件严格按实际需要的位移量运动。

闭环控制系统示意图如图2-4-8所示。

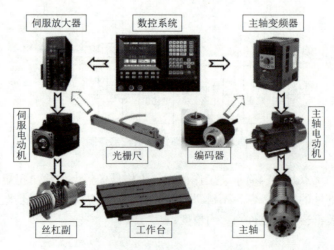

**图2-4-8 闭环控制系统示意图**

闭环控制系统的优点是高精度、快移动，它是将机械传动链的全部环节都包括在闭环内，因此理论上说闭环控制的运动精度主要取决于检测装置的精度，而与机械传动链的误差无关。但闭环控制系统昂贵，对于机床传动链要求高，传动链的刚度、间隙、导轨的低速运动特性，都会增加系统调试的难度，降低了稳定性。

• 学生任务

辨析数控机床进给系统的类型与各自特点。观察教学情境的数控车床进给系统，并判断其属于哪种类型。

_____

_____

_____

_____

_____

## 小提示

"立志宜思真品格，读书须尽苦功夫"，学习是一个需要用心的过程，了解进给传动系统的工作原理请扫描下方二维码，观看微课视频。

### 四、进给导向机构

进给传动系统在电动机的驱动下，由滚珠丝杠螺母副作为执行机构不足以保证传动方向的精度，因此还需要配合导轨做导向机构，以满足进给矢量方向精度的要求。数控车床中常见的导轨主要有滑动导轨和滚动导轨两种，前者根据截面轮廓的不同又可细分为矩形导轨、三角形导轨等；后者又可根据是否预加载，分为预加载和无预加载导轨。此外，根据滚动体的形状不同，还可以分为滚针导轨、滚柱导轨和滚珠导轨等。

矩形导轨的 $M$ 面既导向又承载，$J$ 面防倾覆，$N$ 面起导向作用；三角形导轨 $M$ 和 $N$ 面兼起导向和支承作用；燕尾形导轨的 $M$ 面起导向和压板作用，$J$ 面为支承面。如图 2-4-9 所示。

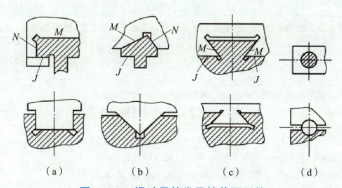

**图 2-4-9 滑动导轨常见的截面形状**

（a）矩形导轨；（b）三角形导轨；（c）燕尾形导轨；（d）圆柱形导轨

就本学习任务而言，该数控车床进给系统使用的导轨是滑动型导轨，又根据 $Z$ 向和 $X$ 向进给系统导轨的截面不同，具体来说分别为三角形导轨和燕尾形导轨，且每个进给方向由两条导轨组成。需要说明的是每种截面形状的导轨都有凸形和凹形两种，前者不易积存脏物，容易清洁但必须保持良好的润滑，常用于进给速度较小的情况；后者润滑条件好，但对于防护装置的要求更高，常用于进给速度较快的情况。

- 学生任务

观察本次学习情境中的数控车床导轨，指出其类型。

_____

_____

_____

_____

### 五、进给传动系统的精度

因为磨损等原因，丝杠和螺母之间会存在一定的间隙，当进给方向变换时，在一定的旋转角度范围内，尽管丝杠做回转运动，但是螺母还是要在间隙填补之后才能带动工作台运动，这造成实际进给距离与理论数值不同，这就是反向间隙造成的影响，其反映在丝杠的旋转角度上。

反向间隙存在于数控机床进给传动链的各环节中，比如齿轮传动、滚珠丝杠螺母副等。反向间隙是影响机械加工精度的因素之一，比如当进给方向变化时，由于反向间隙的存在会导致伺服电动机空转而工作台无实际移动，称为失动。若反向间隙数值较小，对加工精度影响不大，则不需要采取任何措施；若数值较大，则系统的稳定性明显下降，加工精度明显降低，尤其是曲线加工，会影响到尺寸公差和曲线的一致性，此时必须进行反向间隙的消除或是补偿，以提高加工精度，特别是采用半闭环控制的数控机床，反向间隙会影响到定位精度和重复定位精度，这就需要平时在使用数控机床时重视和研究反向间隙的产生因素、影响以及补偿功能。

### 六、进给系统的保养与维护

良好的进给传动系统状态是保证加工质量的前提，也是数控车床操作员应该具备的素养。对于进给传动系统的保养应该注意以下几点，见表2-4-7。

表2-4-7 进给系统的保养注意事项

| 项目 | 内容 | 备注 |
|---|---|---|
| 润滑 | 滚珠丝杠螺母副属于精密传动装置，必须进行润滑保护 | 使用润滑油、润滑脂 |
| 防杂质 | 滚珠丝杠螺母副及滚动轴承在混入灰尘异物后将会降低使用寿命 | 使用丝杠保护套防护，安装毛毡圈 |
| 装调须知 | 滚珠丝杠螺母不宜承受径向载荷，安装时要注意丝杠的轴心线与螺母座移动轨迹平行，丝杠支承中心轴线应与螺母座中心轴线一致 | 安装后应该检查精度，打表检测 |
| | 丝杠安装时，要避免丝杠与螺母分离，以免滚珠脱出；因螺母管壁较薄，碰撞变形将使钢球流动受制约，不利于使用 | 操作应规范 |
| 定期检查 | 定期检查支承轴承；检查丝杠支承与床身的连接是否松动，支承轴承是否损坏 | 连接是否牢固可靠；预紧，消除间隙 |
| | 导轨表面应保持清洁，防止锈蚀 | 接触面光洁、顺滑 |

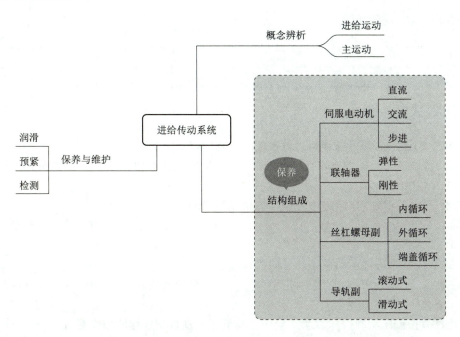

• **学习任务小结**

新知识记录： _____

新技能记录： _____

小组协作体会： _____

任务评价

任务综合目标评价表见表2-4-8。

表 2-4-8　任务综合目标评价表

| 班级 | | 姓名 | | 学号 | | | | | |
|---|---|---|---|---|---|---|---|---|---|
| 序号 | 评价内容 | 具体要求 | | | 完成情况 | | | | 成绩 |
| 1 | 知识目标（40%） | 掌握进给系统的定义 | | | 优□　良□　中□　差□ | | | | |
| | | 掌握进给传动系统的组成 | | | 优□　良□　中□　差□ | | | | |
| | | 了解数控车床进给运动的工作原理 | | | 优□　良□　中□　差□ | | | | |
| 2 | 能力目标（40%） | 能够辨析数控车床进给系统的类型 | | | 优□　良□　中□　差□ | | | | |
| | | 识别滚珠丝杠螺母副的类型 | | | 优□　良□　中□　差□ | | | | |
| 3 | 素质目标（20%） | 体会精益求精的工匠精神 | | | 优□　良□　中□　差□ | | | | |

**任务拓展**

阐述反向传动间隙的成因。

_____

_____

_____

### 课后测试与习题

1. 数控车床中的进给运动可以理解为数控加工过程中（　　）。
   A. 刀具的移动　　B. 主轴的旋转运动　　C. 拖板的运动　　D. 卡盘的回转运动
   答案：A

2. 下面属于三轴立式数控铣床进给运动系统机械组成的是（　　）。
   A. 套筒　　　　　B. 卡盘　　　　　C. 编码器　　　　D. 滚珠丝杠螺母副
   答案：D

3. 三轴立式数控铣床进给运动系统的导向机构是（　　）。
   A. 限位块　　　　B. 伺服电动机　　C. 导轨滑块副　　D. 滚珠丝杠螺母副
   答案：C

4. 在 FANUC 数控铣床示教铣床教学平台中，与伺服电动机相连接的模块是（　　）。
   A. 主轴放大器　　B. 伺服放大器　　C. 变频器　　　　D. 分线盘
   答案：B

5. 全闭环进给伺服系统的数控机床，其定位精度主要取决于（　　）。
   A. 机床传动机构的精度　　　　　　　B. 伺服单元
   C. 检测装置的精度　　　　　　　　　D. 控制系统
   答案：C

## 任务 2.5　数控车床自动换刀模块的选用

### 任务描述

数控车间的某型卧式数控车床升级改造，需要对自动换刀装置进行选型升级，以满足生产需要。

- **知识目标**
  (1) 掌握数控车床自动换刀装置的概念。
  (2) 掌握数控车床刀架装置的结构组成。
  (3) 认识数控车床刀架的工作原理。
  (4) 了解数控车床刀架的分类。

- **能力目标**
  (1) 能够辨析数控车床的自动换刀装置。
  (2) 能够根据生产工艺进行数控车床的刀架选型。

自动换刀
装置认知

- **素质目标**
（1）具备工程图纸的识读能力。
（2）体会精益求精的工匠精神。

## 任务实施

随着数控技术的飞速发展，数控车床加工范围越加广泛，加工类型从回转类零件到复杂回转体零部件，加工内容从外轮廓、内表面到打孔、攻螺纹，数控车床已经能够实现一次装夹完成多道工序的加工，减少了装夹次数，尽量避免了因反复装夹引起的定位误差，缩短了辅助时间，这些功能的实现都离不开自动换刀装置。因此，数控车床选用合适的自动换刀装置对于数控车削加工具有重要的意义。

结合本课程的学习目标，本次任务的主要内容如下：
（1）掌握数控车床自动换刀装置的概念。
（2）掌握数控车床刀架装置的结构组成。
（3）认识数控车床刀架的工作原理。
（4）了解数控车床刀架的分类。
（5）能够辨析数控车床自动换刀装置。
（6）能够根据生产工艺进行数控车床刀架的选型。

### 一、数控车床自动换刀装置

刀具自动交换装置（ATC，Automatic Tool Changer）即能自动更换加工中所用工具的装置，是在机床数字化控制的基础上为进一步提高数控机床的加工效率，满足数控机床让工件在一次装夹后可以完成多道工序或全部工序加工的装置。数控车床的自动换刀装置主要有刀架和刀塔两类，根据驱动方式可以分成电动式、液压式；根据数控车床结构类型，与之配合的自动换刀装置又可以分为立式回转刀架和卧式回转刀架两种；根据自动换刀装置能够安装的刀具数量不同，又有可以承载四把、六把或更多把刀具的刀架。在数控车削加工中心上一般使用动力刀塔作为自动换刀装置，可以实现车铣复合加工功能。

常见数控车床用刀架见表 2-5-1。

表 2-5-1　常见数控车床用刀架

| 名称 | 四方刀架 | 回转刀架 | 动力刀塔 |
|------|---------|---------|---------|
| 样图 | | | |
| 数控车床 | | | |
| 适用 | 普通平床身数控车床 | 高性能数控车削加工中心；斜床身数控车床 | 车铣复合加工中心 |

对于自动换刀装置而言，需要具备换刀时间短、刀具重复定位精度高、刀具储存量满足工艺要求、占用的空间尽可能小以及安全可靠等特点；同时要求在结构上具有良好的强度和刚度，能够承受粗加工时的切削抗力，可以减少在切削力作用下的位移变形，保证加工精度；此外，还应具有可靠的定位方案和合理的定位结构，以保证回转刀架在每次转位之后具有高的重复定位精度。

- 学生任务

观察教学情境用的数控车床，辨析属于何种换刀类型，阐述其功能和特点。

_____

_____

_____

_____

## 二、数控车床自动换刀装置分类

### 1. 经济型数控车床方刀架

经济型数控车床方刀架是在普通车床四方刀架的基础上发展起来的，作为自动换刀装置的一种，具有和普通四方刀架一样的功能。该刀架有 4 个刀位，能装夹 4 把不同功能的车削加工刀具，刀架每转位 90°可以实现一个刀位的交换，实际加工中的刀位选择由加工程序指令控制，如在华中数控系统中，使用 T 指令确定加工用的刀位，在换刀指令发出后，刀架按照刀架抬起、刀架转位、刀架定位和刀架夹紧四个动作执行换刀动作。

四方刀架实物如图 2-5-1 所示。

图 2-5-1　四方刀架实物

🔍 **小提示**

"读书有三到：谓心到、眼到、口到"，学习需要在实践中去体会。观察四方刀架的工作过程请扫下方二维码，观看微课视频。

**四方刀架虚拟装调**

（1）四方刀架的工作原理。

图 2-5-2 所示为四方刀架的结构，当换刀指令发出后，电动机启动正转，通过平键套筒联轴器使蜗杆轴转动，从而带动蜗轮丝杠转动。转位换刀时，中心轴固定不动，蜗轮丝杠环绕中心轴旋转。当蜗轮开始转动时，刀架体抬起，当刀架体抬至一定距离后，端面齿脱开。转位套用

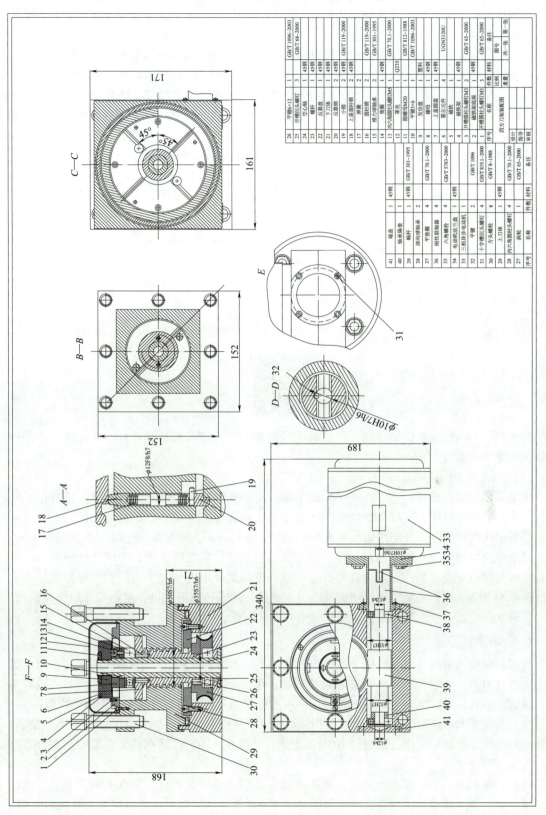

图 2-5-2 四方刀架结构图

| 41 | 端盖 | 1 | 45钢 | | 26 | 平键8×12 | 1 | | GB/T 1096—2003 |
|---|---|---|---|---|---|---|---|---|---|
| 40 | 轴承偏套 | 1 | | | 25 | 开槽沉头螺钉 | 1 | | GB/T 68—2000 |
| 39 | 蜗杆 | 2 | | GB/T 301—1995 | 24 | 空心轴 | 1 | 45钢 | |
| 38 | 深沟球轴承 | 4 | | | 23 | 反靠盘 | 1 | 45钢 | |
| 37 | 平垫圈 | 4 | | GB/T 70.1—2000 | 22 | 下刀体 | 1 | 45钢 | |
| 36 | 刚性联轴器 | 1 | | | 21 | 反靠销 | 2 | 45钢 | GB/T 119—2000 |
| 35 | 六角螺栓 | 4 | | GB/T 5783—2000 | 20 | 小轴 | 2 | 45钢 | |
| 34 | 三相异步电动机 | 1 | | | 19 | 上盖圆柱销 | 2 | | GB/T 119—2000 |
| 33 | 十字槽沉头螺钉 | 2 | | GB/T 1096 | 18 | 弹簧 | 2 | | GB/T 301—1995 |
| 32 | 平键 | 2 | | GB/T 819.1—2000 | 17 | 推力球轴承 | 2 | | GB/T 70.1—2000 |
| 31 | 方头螺栓 | 2 | | GB/T 8—1988 | 16 | 圆螺母 | 2 | | GB/T 812—1988 |
| 30 | 上刀体 | 1 | 45钢 | | 15 | 内(六)角圆柱头螺钉M5 | 2 | | GB/T 1096—2003 |
| 29 | 内六角圆柱头螺钉 | 8 | | GB/T 70.1—2000 | 14 | 罩壳 | 1 | Q235 | |
| 27 | 弹簧帽 | 1 | | GB/T 65—2000 | 13 | 圆螺母M20 | 1 | | |
| 序号 | 名称 | 件数 | 材料 | 备注 | 12 | 平垫3×6 | 1 | 塑料 | |
| | | | | | 11 | 发信盘 | 1 | | |
| | | | | | 10 | 螺母 | 1 | 45钢 | |
| | | | | | 9 | 上盖圆盘 | 1 | | |
| | | | | | 8 | 霍尔元件 | 4 | | UGN3120U |
| | | | | | 7 | 磁钢座 | 1 | 45钢 | |
| | | | | | 6 | 磁铁架 | 1 | | |
| | | | | | 5 | 开槽圆柱头螺钉M3 | 3 | | GB/T 65—2000 |
| | | | | | 4 | 磁铁架底座 | 1 | 45钢 | |
| | | | | | 3 | 开槽圆柱头螺钉M3 | 4 | | GB/T 65—2000 |
| | | | | | 序号 | 名称 | 件数 | 材料 | 备注 |

四方刀架装配图

设计
指导
审核

图号
比例 重量 共一张 第一张

销钉与蜗轮丝杠连接，随蜗轮丝杠一同转动。当端面齿完全脱开时，观察剖视图 *A—A* 可知转位套正好转过 160°，此时球头销在弹簧力的作用下进入转位套的槽中，实现刀架体转位。刀架体转动时带着电刷座转动，当转到程序指定的刀号时，粗定位销在弹簧的作用下进入粗定位盘的槽中进行粗定位，同时电刷接触导通，使电动机反转。由于粗定位槽的限制，刀架体不能转动，使其在该位置处在重力的作用下垂直落下，刀架体和刀架底座上的端面齿啮合，实现精确定位。电动机继续反转，此时蜗轮停止转动，蜗杆轴继续转动，随夹紧力增加，转矩不断增大，当达到一定值时，在传感器的控制下电动机停止转动。其中译码装置由发信体及两个电刷组成，其中一个电刷负责发信，另一个电刷负责判断刀架的转位位置。当四方刀架不定期出现过位或不到位故障时，可松开螺母，通过调整发信体与电刷的相对位置来解决。

- **学生任务**

请同学们识读附图纸二，观察四方刀架的结构组成，类比上述四方刀架的工作原理，详细阐述其工作步骤。

---
---

🔍 **小提示**

"纸上得来终觉浅，绝知此事要躬行"，请扫下方二维码，观看附图纸二的讲解微课视频。

四方刀架由蜗轮蜗杆机构驱动，与该机构特点相同的刀架具有自锁性好、传动比大、结构简单、经济性好的特点。

（2）四方刀架的使用及维护。

使用前，刀架各相对运动部件已注入润滑脂，用户在需要拆装保养时必须重新进行全面的润滑。使用一段时间后，应打开注油孔注入润滑脂，以保证刀架润滑状态良好；使用时需要选用与刀架相匹配的刀杆，并配作适当厚度的调整垫，使车刀刀尖高与车床主轴中心线保持一致，注意刀架预紧力的调节，严禁超载运行；使用后，刀架应注意防锈保护，车床使用完毕后应将刀架擦拭干净；对于刀架的任何维修和拆卸必须在电动机断电的情况下进行；注意定期检查发信盘螺母的紧固连接，避免因为松动引起的刀架越位过冲或转位不到位；定期检查后靠定位销、弹簧、后靠棘轮是否正常起作用，避免机械卡死情况出现。

### 2. 六角回转刀架

数控车床的六角回转刀架适用于盘类零件的加工，如图 2-5-3 所示。在加工轴类零件时，可以换成四方刀架，由于两者底部的安装尺寸相同，可以互换使用，故更换方便。六角回转刀架的全部动作由液压系统通过电磁换向阀和顺序阀进行控制。它的动作可分为以下四个步骤：

（1）刀架抬起。当数控装置发出换刀指令后，液压油由 E 孔进入压紧液压缸的下腔，活塞 1 上升，刀架体 2 抬起使定位活动销钉 10 与固定销钉 9 脱开。同时，活塞杆下端的端齿离合器与空套齿轮 5 结合。

（2）刀架转位。当刀架抬起之后，液压油从 G 孔转入液压缸左腔，活塞 6 向右移动，通过连接板带动齿条 8 移动，使空套齿轮 5 做逆时针方向转动，通过端齿离合器使刀架转过 60°。活塞的行程应等于齿轮 5 节圆周长的 1/6，并由限位开关控制。

（3）刀架压紧。刀架转位之后，液压油从 F 孔进入压紧液压缸的上腔，活塞 1 带动刀架体 2 下降。齿轮 3 的底盘上精确地安装有六个带斜楔的圆柱固定销钉 9，利用活动销钉 10 消除定位销与孔之间的间隙，实现可靠定位。刀架体 2 下降时，定位活动销钉 10 与另一个固定销钉 9 卡紧，同时齿轮 3 与齿轮 4 的锥面接触，刀架在新的位置定位并压紧。此时，端齿离合器与空套齿轮 5 脱开。

（4）转位液压缸复位。刀架压紧之后，液压油从 D 孔进入转位液压缸右腔，活塞 6 带动齿条复位，由于此时端齿离合器已脱开，故齿条带动齿轮 3 在轴上空转。如果定位和压紧动作正常，推杆 11 与相应的接触头 12 接触，发出信号表示换刀过程已经结束，则可以继续进行切削加工。回转刀架除了采用液压缸驱动转位和定位销定位外，还可以采用电动机、十字槽轮机构转位和鼠盘定位，以及其他转位和定位机构。

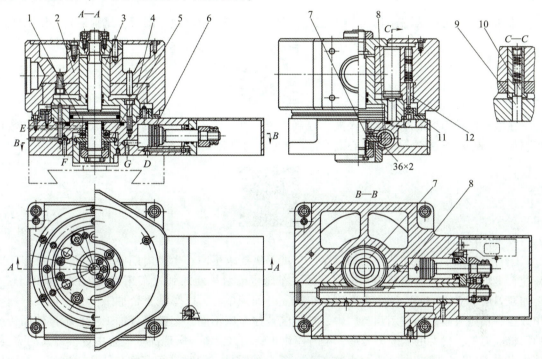

图 2-5-3　六角回转刀架

1，6—活塞；2—刀架体；3，4—齿轮；5—空套齿轮；7—活塞杆；

8—齿条；9—固定销钉；10—活动销钉；11—推杆；12—接触头

• 学生任务

学生任务分配表见表 2-5-2。

表 2-5-2　学生任务分配表

| 班级 | | 组号 | | 指导教师 | |
|---|---|---|---|---|---|
| 组长 | | 学号 | | | |
| | 姓名 | 学号 | | 姓名 | 学号 |
| 组员 | | | | | |
| | | | | | |
| | | | | | |
| | | | | | |
| 任务分工 | | | | | |

• 学生任务
请同学们观察六角回转刀架，阐述工作原理。

_____

_____

_____

_____

_____

_____

📋 **拓展学习**

查阅"液压凸轮刀塔结构图"①，扫一扫下方二维码，查看电子图纸，试阐述其工作原理。

在电动回转刀架的基础上引入液压控制系统，可以实现动力刀具的高速旋转，常用在数控车削加工中心和车铣复合加工中心上。同学们可以扫码观看相关材料。

### 3. 动力刀塔

随着数控加工产品的结构更加复杂、精度等级要求更高、生产周期要求更短，数控车床向高速、多轴联动的发展趋势更加明显。数控车床也已由早期的卧式车床演化出许多新的形态，例如双刀塔、立式车床、倒立车床以及车铣复合加工中心，以车铣复合加工中心为代表的智能化数控装备越来越多地应用到工厂中。与传统数控车床不同，车铣复合加工中心不再使用传统的回转式刀架，代替的是动力刀塔，配合模块化的动力刀座，实现加工过程中更换刀具的需要。其优点在于可以满足在同一机台上加工更加复杂的零件，同时进行车削、钻孔、攻牙、端面切槽、侧面切槽等加工，由于动力刀具的引入，还可以实现侧面铣削、角度钻孔、曲线铣削等内容的加工，即由一台设备可以完成一个零件的所有加工流程，大大降低了上下料换机台的辅助时间，降低了反复装夹带来的误差。需要说明的是不论机床是具有 $C$ 轴头，还是副主轴等，都必须搭配动力刀塔才能具备车铣复合的功能，因此一款功能良好、精度高的 $C$ 轴动力刀塔是车铣复合加工中心的关键部件。

按照动力控制类型分类可以分为电动刀塔、伺服刀塔和动力刀塔。伺服刀塔按照布置结构又可以分为卧式伺服刀塔和立式伺服刀塔两种。前者是以伺服电动机进行分度，靠油压松开、锁紧，以端面齿盘进行紧密定位，可以实现双向转位和任意刀位就近选刀的一种换刀模块，适用于正向和背向加工的车削中心；伺服马达驱动刀盘双向快速选刀，配备了具有马达和转向装置的驱动装置，机床控制器直接控制伺服马达换刀，具有定位精度高、结构紧凑、转位速度快、承受切削力大、适合范围广等优点。后者则是通过伺服马达驱动刀盘旋转，采用双向任意快速换刀功能的换刀模块，通过油压锁紧、高精密三片齿定位，电动机内藏于刀架内部，具有结构

---

① 付承云. 数控机床安装调试及维修现场实用技术［M］. 北京：机械工业出版社，2011.

紧凑、定位精准、模块强度高、承受切削力大等特点。带 $Y$ 轴的动力刀塔可以加工不在工件母线或者不在端面中心的槽和孔。

动力刀塔的分类见表 2-5-3。按照动力刀座安装于动力刀塔上的方式可以分为直插式刀塔、VDI 式刀塔以及 BMT 式刀塔。VDI 式刀塔因为技术方案应用较早，故被认为是目前车铣复合数控加工中心使用最广泛的类型，主要使用排齿与压紧块之间的齿面啮合，安装方便。其在安装时，需要校正刀座的垂直度，以获得位置精度；BMT 式刀塔使用的是最新的科技成果，是公认的刚性、稳固性均宜的技术方案；刀塔承靠面上有键槽，安装时只需要将刀座放在刀塔的键槽上，并锁紧刀座上的螺钉就可以将装刀座在刀塔上，因此，省去了操作者校正垂直度的步骤，工作量得以简化。不难理解，VDI 的刀座相对于 BMT 刀座更经济。

表 2-5-3 动力刀塔的分类

| 名称 | 卧式伺服刀塔 | 立式伺服刀塔 | 带有 $Y$ 轴的动力刀塔 |
|---|---|---|---|
| 样图 | | | |
| 名称 | 动力刀座 | BMT 系列刀塔 | VDI 系列刀塔 |
| 样图 | | | |

动力刀塔的结构如图 2-5-4 所示。

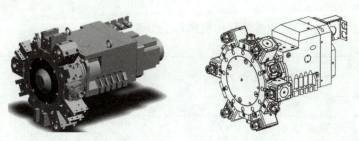

图 2-5-4 动力刀塔

• 学生任务

观察 CK6130 型数控加工中心，辨析动力刀塔并指出其属于哪种类型、有何功能及其优缺点。

"庖丁解牛，目无全牛"，了解事物要"知其然，知其所以然"，请同学们扫一扫下方二维码，查看动力刀塔工程图，了解工作原理。

**车削中心动力刀塔装配图纸—模型**

观察动力刀塔图纸（见图 2-5-5）可见，其工作原理是通过伺服电动机驱动蜗杆，并带动与之啮合的蜗轮，实现与蜗轮同轴的中心轴旋转，中心轴上同步转动的大齿轮与动力刀座上的动力刀具在齿轮的传动下转动，实现铣床主轴刀具转动的功能。换刀刀盘是在端面齿盘的作用下实现精确定位，换刀转位与定位是通过碟形弹簧和液压油压力的变化来控制端面齿盘的离合状态的，当需要转位时，动力刀塔内部的碟形弹簧推出回转刀盘，实现端面齿盘的脱开，并转位换刀，通过伺服电动机进行分度；当接收到换刀到位信号之后，电磁阀失电，碟形弹簧克服液压压力将端面齿盘重新啮合，实现精确定位，完成一次换刀动作。

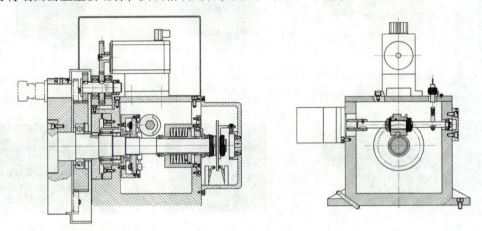

**图 2-5-5　动力刀塔结构图**

● **学生任务**

查看附图纸四，阐述动力刀塔的结构组成与工作原理。

_____

_____

_____

_____

（1）动力刀塔的主要技术参数。

动力刀塔是由动力刀座和刀塔本体组成的，因此二者的技术参数都需要在选型时考虑。动力刀座又叫"动力头"，装于车削中心动力刀塔上，可以装夹钻头、铣刀和丝锥，其可在动力刀塔电动机的驱动下旋转，带动刀具转动，并可以在工件完成车削后进行铣削、钻削和攻丝等工序。动力刀塔选型时考虑的主要技术参数如下：

①机床信息：机床的制造商及机床型号，机床的输出功率、扭矩和转速，机床的刀塔类型及输入接口（VDI、BMT 或其他）、安装尺寸。

②加工应用信息：适用加工材料种类，切深、进给以及所采用的转速，刀头所具有的工位数，重复定位精度。

③刀座信息：动力刀座的类型（轴向、径向、双输出及特殊固定角度等）。

④输出类型：ER 夹头，刀柄类型如 BT、HSK，刀具尺寸等。

⑤其他特殊要求：是否内冷，转速比，动力刀具能够达到的最高转速等。

（2）动力刀塔的保养。

动力刀塔是一种精密仪器，初次使用时要注意磨合，正确的操作方法是空载运行一段时间，并且注意运转的速度不能过大，否则就会造成刀座使用寿命缩短；动力刀塔长时间使用，启停后会因为减速机的摩擦片磨损呈现一些问题，可能会发生异响，需要及时更换磨损零件。

• 学生任务

请阐述动力刀塔选型时考虑的主要技术参数。

_____

_____

_____

## 任务小结

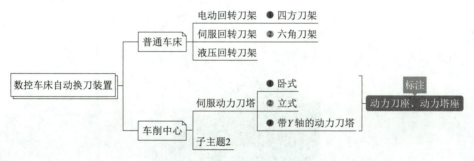

• 学习任务小结

新知识记录：_____

新技能记录：_____

小组协作体会：_____

## 任务评价

任务综合目标评价表见表 2-5-4。

表 2-5-4　任务综合目标评价表

| 班级 | | | 姓名 | | | 学号 | | |
|---|---|---|---|---|---|---|---|---|
| 序号 | 评价内容 | 具体要求 | | 完成情况 | | | | 成绩 |
| 1 | 知识目标（40%） | 掌握数控车床自动换刀装置的概念 | 优□　良□　中□　差□ | | | | | |
| | | 掌握数控车床刀架装置的结构组成 | 优□　良□　中□　差□ | | | | | |
| | | 认识数控车床刀架的工作原理 | 优□　良□　中□　差□ | | | | | |
| 2 | 能力目标（40%） | 辨识数控车床刀架的分类 | 优□　良□　中□　差□ | | | | | |
| | | 能够辨析数控车床自动换刀装置 | 优□　良□　中□　差□ | | | | | |
| | | 能够进行控车床自动换刀装置的选型 | 优□　良□　中□　差□ | | | | | |
| 3 | 素质目标（20%） | 具备工程图纸的识读能力 | 优□　良□　中□　差□ | | | | | |
| | | 体会精益求精的工匠精神 | 优□　良□　中□　差□ | | | | | |

**任务拓展**

查找一款具体的数控车床自动换刀装置型号及主要技术参数，阐述其具有的功能。

_____

_____

_____

_____

**课后测试与习题**

1. 数控车床的主机包括（　　）。
   A. 床身　　　　　　　B. 主轴箱　　　　　　C. 进给机构　　　　　D. 刀架系统
   **答案：ABCD**

2. 数控车床和车削加工中心的差异在于（　　）。
   A. 动力刀头　　　　　　　　　　　　　　B. 双工位的 APC 装置
   C. C 轴　　　　　　　　　　　　　　　　D. 主轴
   **答案：AC**

3. 图 2-5-6 所示为（　　）的传动示意图。

**图 2-5-6　题 3 图**

   A. 四方刀架　　　　　B. 动力转塔刀架　　　　C. 六角回转刀架　　　　D. 盘形回转刀架
   **答案：B**

4. 如图 2-5-7 所示车床自动换刀机构中，在刀架上方的发信盘中对应每个刀位都装有一个（　　）。

**图 2-5-7　题 4 图**

   A. 测温仪　　　　　　B. 行程开关　　　　　C. 霍尔开关　　　　　D. 继电器
   **答案：C**

5. 四方刀架的精定位方式是通过（　　）实现的。
   A. 蜗轮蜗杆　　　　　B. 端面齿盘　　　　　C. 销钉　　　　　　　D. 霍尔元件

答案：B

6. 属于四方刀架的二级养护的是（　　　）。
    A. 打扫表面的废屑　　　　　　　　　　　B. 检查自动换刀外观是否存在异常
    C. 检查并更换必要的磨损件　　　　　　　D. 检查定位机构的可靠性
    答案：A

7. 启动换刀指令"M06 T0$n$"后四方刀架不断旋转，不能完成换刀动作的可能故障是（　　　）。
    A. 弹簧断裂
    B. 发信盘位置没对正
    C. 霍尔元件失效
    D. 上刀体压力模部位受压变形使齿轮啮合不良
    答案：C

8. 与回转刀架相比动力刀塔具有的特殊功能是（　　　）。
    A. 可以在不用人工干预的情况下自动换刀　　B. 主轴 $C$ 轴
    C. 刀具可以高速旋转　　　　　　　　　　　D. 承载多把刀具
    答案：C

9. 为了使四方刀架实现就近选刀功能，刀架既可以正转也可以反转，为了避免相互的干涉，控制系统中设置了（　　　）功能 。
    A. 刀具编码　　　　　B. 自锁　　　　　　C. 互锁　　　　　　D. 过载保护
    答案：C

10. 四方刀架电动机转动故障容易引起刀架（　　　）不到位。
    A. 移动　　　　　　　B. 夹紧　　　　　　C. 转位　　　　　　D. 传动
    答案：C

# 项目3 数控铣床的结构剖析与养护

## 任务 3.1 数控铣床的选型

数控铣床组成

### 任务描述

工厂承接一批零件的加工生产，需要根据经济性原则选用合适的数控铣床，完成设备选型的购置，为生产任务的实现提供设备基础。

- 知识目标

（1）掌握数控铣床的机械组成。

（2）了解数控铣床的主要技术参数。

- 能力目标

（1）能够辨析数控铣床的常见种类。

（2）辨认数控铣床的结构组成。

- 素质目标

体验查找技术资料的过程。

### 任务实施

在数控机床概述中我们已经认识数控机床的分类，了解数控铣床是数控装备中的一种，然而数控铣床都由哪些机械模块组成？在生产中如何根据加工生产的需要选择数控铣床的型号？可以查阅哪些主要技术参数作为机床选型的参数指标？这些答案都在本次任务中。结合本课程的学习目标，本次任务的主要内容如下：

（1）辨析数控铣床的常见种类。

（2）掌握数控铣床的机械组成。

（3）了解数控铣床的主要技术参数。

### 一、数控铣床分类

数控铣床又称 CNC（Computer Numerical Control）铣床，是在一般铣床的基础上发展起来的一种自动加工设备，两者的加工工艺基本相同，结构也相似。一般来说，数控铣床是不具有自动换刀装置的，我们常把具有刀库的数控铣床称为数控加工中心。本次任务主要阐述的是不带刀库的数控铣床。

与数控车床不同，数控铣床的工作台承载的是毛坯，可以实现两个轴的线性运动，主轴上安装铣刀可以实现一个轴向运动，因此适用于加工三维空间形状的零件，相比于数控车床适用范围更广泛；加之愈加先进的控制系统驱动各进给轴，甚至可以实现联动，可以加工具有复杂曲面、自由曲面的复杂零件，目前已经广泛应用于汽车、模具、航空航天等涉及国计民生的重要装备制造领域。

数控铣床加工示意图如图 3-1-1 所示。

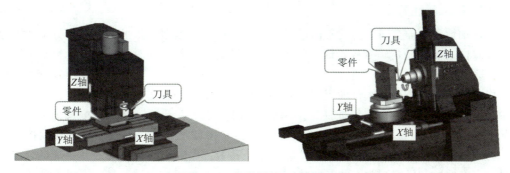

图 3-1-1　数控铣床加工示意图

### 1. 数控铣床按功能分类

根据加工对象的形状由简单到复杂，可以分成普通数铣床、数控铣削加工中心两种；根据控制轴数的差异，可以分为三轴数控铣床、四轴数控铣床、五轴数控铣床，其中高于三轴的又统称为多轴数控铣床。结合加工工艺特点，一般多轴数控铣床适用于加工复杂形状的零件，需要一次装夹完成多道工序，常配有刀库以方便自动换刀，因此也称为多轴数控加工中心。常见的数控铣床结构类型见表 3-1-1。

表 3-1-1　常见的数控铣床结构类型

| 名称 | 三轴卧式数控铣床 | 三轴立式数控铣床 |
|---|---|---|
| 三轴 | | |
| 名称 | 三轴卧式数控加工中心 | 三轴立式数控加工中心 |
| | | |
| 名称 | 四轴联动立式数控加工中心 | 五轴联动立式数控加工中心 |
| | | |

三轴、四轴是指加工中心具有的运动坐标数，联动是指控制系统可以同时控制运动的坐标数，一般认为超过三轴联动的数控机床是多轴数控机床，在运动轴的驱动下，能够实现刀具与工件相对位置的变化。

### 2. 数控铣床其他分类形式

除了按轴数和主轴空间结构的不同进行分类外，还可以根据立柱的数量进行分类，可分为单柱式和双柱式（龙门式）数控铣床；按加工中心运动坐标数和同时控制的坐标数分类，可分为三轴二联动、三轴三联动、四轴三联动、五轴四联动等；按工作台的数量和功能分类，可分为单工作台加工中心、双工作台加工中心和多工作台加工中心；按加工精度分类，可分为普通加工中心和高精度加工中心，普通加工中心的加工精度可以达到 1 μm，高精度加工中心的加工精度甚至可以达到 0.1 μm，加工的表面质量在 IT7～IT10 之间；按刀具相对工件移动控制方式分类，可以分为点位控制、直线控制和轮廓控制。其中，点位控制是控制刀具从一点的位置运动到另一点的位置，只控制两点的点位数据而不考虑两点之间的运动路径；直线控制就是在点位控制的基础上，增加平行坐标轴线性运动控制，但是不能加工复杂的零件轮廓；最复杂的是轮廓控制，可以同时控制两个或者多个坐标轴的运动，因此可以加工平面、曲线轮廓或者是空间曲面轮廓，可以加工复杂轮廓形状零件的铣床一般都是由轮廓控制实现的。

• 学生任务

指出普通铣床、数控铣床、数控铣削加工中心、多轴数控铣削加工中心各自的结构组成及特点。

_____

_____

_____

数控铣削加工中心是数控加工中心的一种，是由机械设备与数控系统组成的适用于加工复杂零件的高效率自动化机床，是在数控铣床上加装一个刀库和自动换刀装置，构成一个带自动换刀装置的数控机床，我们将其称为数控铣削加工中心。它可以实现一次安装定位完成多工序的加工，避免了因多次装夹造成的误差，提高了生产效率和加工自动化程度。

与数控铣床相比，数控铣削加工中心的综合加工能力较强，工件一次装夹后能完成较多的加工内容，减少了工装数量，加工形状复杂的零件可以不使用复杂的工装，即能完成许多普通设备不能完成的加工，对常规方法难以加工的复杂型面依然适用，可用于加工精度要求高的中小批量、多品种生产。

• 引导问题 1

请结合数控铣床各类型特点，阐述如图 3-1-2 所示零件加工设备的选用依据。

**图 3-1-2　加工零件**

## 二、数控铣床主要结构组成

数控铣床主要由机械本体模块构成，它决定了机床的性能，影响加工功能，并控制加工精度。因此各机械模块的稳定性直接影响机床的动静精度，辨识机械模块、了解性能特点对数控铣床的保养与维护具有非常重要的意义。

一般来说，数控铣床主要由电气控制系统、液压冷却系统和机械系统组成，其中机械系统承载各运动功能部件，保持各模块结构的空间位置，维持机床的动静精度，是数控铣床的重要基础组成，一般包括床身、立柱、主轴箱、十字滑台以及其他辅助模块（如平口钳夹具、尾座等），如图3-1-3所示。

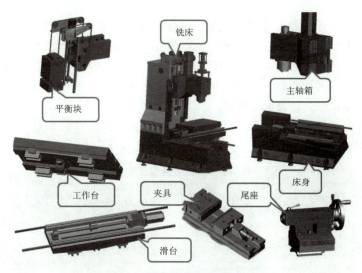

**图 3-1-3　数控铣床结构组成示意图**

对于数控铣床，我们重点关注关键机械零部件，主要包括机床基础构件和配件，前者主要包括床身、立柱、滑台、主轴箱、平衡块，后者主要包括平口钳等通用夹具及分度头、尾座等。下面我们逐一进行了解。

### 1. 床身

床身作为基础件，要承载立柱、滑台等部件，因此在结构布局方面应该既要满足实现功能的要求，又要符合静刚度、动刚度和机床精度保持性的要求，合理的结构和布局直接决定机床的可靠性并影响加工质量，在此基础上择优选用加工工艺性良好的形式，这就是一般数控铣床床身的设计及选用内容。从工作类型上讲，数控铣床的床身又可以分为移动立柱式床身和固定立柱式床身，在加工小尺寸零件时后者更为常见，而移动立柱式床身符合加工大尺寸零件机床的选型要求，如图3-1-4所示。

移动立柱式床身可以用于卧式数控铣床或者立式数控铣床，它由横置的前床身（也称横床身）和与它垂直的后床身（也称纵床身）组成，分别安装有Y轴和X轴进给驱动系统。固定立柱式床身结构是立柱固定在床身后部，机床实现的平面轴向运动是由床身前部的滑台在进给系统的驱动下完成的。作为数控机床中体积和重量最大的零件，床身下部常用垫铁和地脚螺钉加以固定，并可以实现机床床身调平。当然机床必须安装在坚实的地面上，一般是混凝土地基，强度等级要求为300，厚度应该在300 mm以上；小型机床或者轻载机床可以不用地脚螺栓固定。

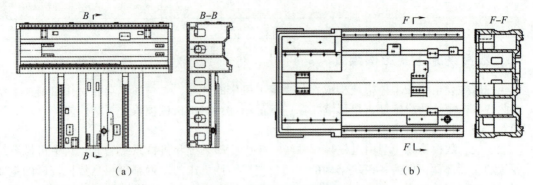

**图 3-1-4 数控铣床床身结构**
（a）移动立柱式床身；（b）固定立柱式床身

此外，床身的设计还需要考虑排屑问题，应保证排屑通畅，及时带走带有切削热的废屑，降低热影响产生的变形；也需要考虑机床安全罩的安装及机床的吊运安全等。在床身的用材方面，可以由高强度、低应力的铸铁铸造成形，也可以是焊接成的钢结构件。随着新技术的应用，特殊材料如矿物材料、大理石材料、复合材料也应用于床身中，可以吸收机床加工时产生的振动能量，提高机床稳定性，保证加工精度。

- **学生任务**

学生任务分配表见表 3-1-2。

**表 3-1-2 学生任务分配表**

| 班级 | | 组号 | | 指导教师 | |
|---|---|---|---|---|---|
| 组长 | | 学号 | | | |
| 组员 | 姓名 | 学号 | | 姓名 | 学号 |
| | | | | | |
| | | | | | |
| | | | | | |
| 任务分工 | | | | | |

请辨析教学情境中使用的数控铣床属于移动立柱式床身和固定立柱式床身结构中的哪一种，阐述该床身的特点、适用条件及数控机床床身应该具有的性能。

_____

_____

_____

_____

_____

### 2. 立柱

立柱是数控机床重要的结构件，在主轴箱上下运动中起支承作用。一如前述，立柱也有单立柱式和双立柱式，前者往往属于固定立柱，后者则属于移动立柱的类型。

对于双立柱式数控铣床，主轴箱装在双立柱的中间，沿立柱两侧的导轨上下运动。主轴承受切削力时力的作用受力点在立柱中央，因此立柱的转矩小，提升了机床的刚度，并且作为机床主要热源，主轴箱处于双立柱的中央，双立柱的对称结构热平衡性好，减小了热变形的影响，有利于机床精度的稳定。由于需要保证对称性，因此对于部件的精度要求高，对机床的装配要求高，不方便机床调试。

固定式立柱一般采用封闭的箱形结构，主轴箱沿安装在立柱前的导轨上下运动，以实现 $Z$ 方向的运动。立柱内腔设计成中空形式，以便安装平衡主轴箱重量的平衡块。目前先进的用于平衡主轴箱重量的技术也包括采用气动平衡或液氮平衡装置，如图 3-1-5 所示。

（a）            （b）

**图 3-1-5 数控铣床立柱类型**

（a）移动式立柱（双立柱）；（b）固定式立柱（单立柱）

- **学生任务**

请辨析教学情境中使用的数控铣床属于移动式立柱和固定式立柱的哪一种，并阐述其特点。

_____

_____

_____

_____

### 3. 数控铣床主轴箱

数控铣床主轴箱是数控铣床重要的基础件之一，通过导轨滑块副连接在铣床的立柱上，通过平衡块与定滑轮组保持动态和静态的平衡。它的主要功能是支承主轴，使其获得机床部件之间的位置精度，使主轴带动刀具按规定转速旋转成为可能，作为切削中的主运动完成数控铣削加工。为了实现数控铣床的快速响应，数控铣床主轴箱重量应尽量减小，观察表 3-1-3 中的结构图也不难发现，可以通过设置加强肋板提高强度，同时在选材上尽量选择能够吸收能量的材料，以保证切削的稳定性。

**表 3-1-3 数控铣床主轴箱**

| 数控铣床主轴箱 | 主轴箱示意图 | 立柱式数控铣床 |
| --- | --- | --- |
|  | | |

| 数控车床主轴箱 | 卧式数控车床 |
|---|---|
|  | |

• 学生任务

请指出教学情境中的数控铣床主轴箱，并阐述其应该具备的功能和特点。

_____

_____

_____

_____

_____

### 4. 十字滑台

十字滑台是数控铣床中作为承载夹具及加工工件的移动工作台，十字滑台是较为常见的一种功能模块，它是指两组直线滑台按照垂直的结构布置组合而成的一种组合滑台。十字滑台的长度与重量一般是远大于工作台的。常规的三轴立式数控铣床的十字滑台，$X$轴导轨是安装在滑座上的，滑块安装在工作台下面，通过进给系统可以带动工作台在水平面内做最多两个矢量轴的复合运动。

### 5. 工作台

工作台是承载数控铣床夹具并带动毛坯做加工进给运动的平台，工作台上开有 T 形槽，便于安装与定位夹具。工作台的尺寸受主轴箱与立柱刚性结构的因素影响，其决定了机床的加工空间范围，如图 3-1-6 所示。

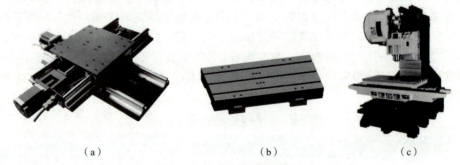

（a） （b） （c）

图 3-1-6 数控铣床十字滑台

（a）十字滑台；（b）工作台；（c）立柱式数控铣床

• 学生任务

请指出教学情境中的数控铣床十字滑台，并阐述其应该具备的功能和特点。

_____

_____

_____

_____

除了以上基础件以外，数控铣床还要有防护罩板，保证内部环境洁净及机床的运行精度；对于数控加工中心而言，还应该配有自动换刀装置，实现辅助换刀功能；多轴数控加工中心还配备有数控分度台以及辅助装置，如排屑装置、测量装置和装夹夹具等，见表 3-1-4。

表 3-1-4　数控机床辅助装置

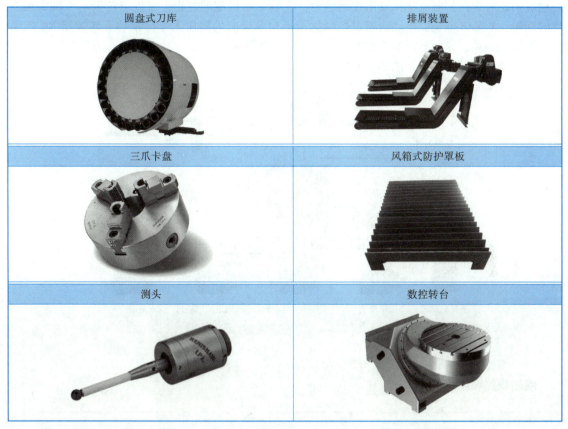

| 圆盘式刀库 | 排屑装置 |
| --- | --- |
| 三爪卡盘 | 风箱式防护罩板 |
| 测头 | 数控转台 |

• 学生任务

请指出教学情境中数控铣床的哪些部件属于辅助装置。

_____

_____

• 学生任务

图 3-1-7 所示为一款数控铣削加工中心，请根据自己的观察并结合本次任务的学习，指出该机床的机械结构组成及对应的位置。

图 3-1-7　数控铣削加工中心

### 三、数控铣床工作原理

数控铣床作为一种自动加工设备，其工作原理是 CNC 控制系统接收到加工程序的 NC 代码并处理，向伺服装置传送指令（控制主轴的是主轴放大器，控制进给电动机的是伺服放大器），并通过伺服装置向伺服电动机发出控制信号，主轴电动机随即旋转，通过带轮带动主轴实现刀具的旋转，$X/Y/Z$ 向伺服电动机通过控制执行机构和导向机构使工作台带动毛坯按照 NC 代码规定的轨迹运动，进而进行数控程序自动控制下的数控铣削加工。

数控铣床的工作原理如图 3-1-8 所示。

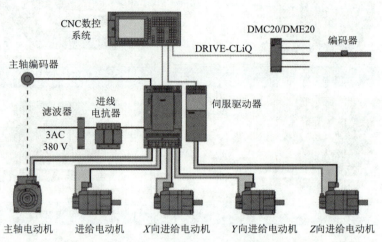

图 3-1-8　数控铣床工作原理

• **学生任务**

阐述数控铣床的工作原理。

_____

_____

_____

_____

_____

_____

_____

_____

_____

_____

### 四、数控铣床选型

机床在选用时需要选择主要的技术参数，包括数控系统、工作台尺寸、最大载荷、各进给轴的行程、快速位移速度、最大切削进给速度、机床配置的标准刀柄型号等。选型人员需要在满足加工使用要求的条件下按照经济性原则选择数控机床。具体信息见表 3-1-5。

表 3-1-5　数控机床主要技术参数

| 参数 | 立式铣床 VMC650 型 | 立式加工中心 GL8-V 型 |
|---|---|---|
| 样图 | | |
| 数控系统 | 北京 KND 系统 | 武汉华中数控系统 |
| 自动换刀装置 | 有，圆盘式刀库 | 有，皇冠式刀库 |
| 工作台尺寸/（mm×mm） | 800×500 | — |
| 最大载荷/kg | 400 | 水平：100；倾斜：75 |
| $X$ 轴进给行程/mm | 600 | $X$ 轴行程+换刀行程：400+550 |
| $Y$ 轴进给行程/mm | 500 | $Y$ 轴行程+换刀行程：400+150 |
| $Z$ 轴进给行程/mm | 500 | $Z$ 轴行程：400 |
| 快速位移速度 mm/min | 1~12 000 | 1~12 000 |
| ⋮ | ⋮ | ⋮ |

"天行健，君子以自强不息"。我国装备制造业经过数十年的发展已经有了长足的进步，民族机床品牌越来越多地服务于国内装备制造业，其中以华中数控、广州数控、沈阳机床、济南机床和昆明机床等为代表，民族产品设备选型可扫下方二维码。

立式铣床的结构组成

● 学生任务

请根据本次任务完成数控铣床的设备选型，并完成表 3-1-6。

表 3-1-6　_____型_____设备主要技术参数

| 参数 | |
|---|---|
| | |
| | |
| | |
| | |
| | |
| | |
| | |
| | |
| | |

 任务小结

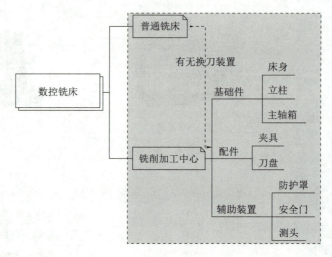

- 学习任务小结

新知识记录：_____

新技能记录：_____

小组协作体会：_____

任务评价

本次任务从数控铣床概念出发，通过辨识多种常见数控铣床，按照结构、功能、差异对比，重点阐述了数控铣床的典型机械组成，包括主轴箱、立柱、床身和辅助装置等，并在此基础上结合实际需要，进行铣床选型参数的说明，讲解了数控铣床及铣削加工中心的主要技术指标。请指导教师根据学生的实际表现完成表 3-1-7 所示的任务综合目标评价表。

表 3-1-7 任务综合目标评价表

| 班级 | | | 姓名 | | 学号 | |
|---|---|---|---|---|---|---|
| 序号 | 评价内容 | 具体要求 | | 完成情况 | | 成绩 |
| 1 | 知识目标（40%） | 了解数控铣床的概念 | | 优□ 良□ 中□ 差□ | | |
| | | 掌握数控铣床的机械组成 | | 优□ 良□ 中□ 差□ | | |
| | | 了解数控铣床的主要技术参数 | | 优□ 良□ 中□ 差□ | | |
| 2 | 能力目标（40%） | 能够辨析数控铣床的常见种类 | | 优□ 良□ 中□ 差□ | | |
| | | 能够辨认数控铣床的结构组成 | | 优□ 良□ 中□ 差□ | | |
| | | 能够进行数控铣床的机床选型 | | 优□ 良□ 中□ 差□ | | |
| 3 | 素质目标（20%） | 体验查找技术资料的过程 | | 优□ 良□ 中□ 差□ | | |

任务拓展

图 3-1-9 所示为数控技能大赛的加工样件图纸，请同学们结合机床技术参数选择一款合适的数控机床满足加工要求，并给出具体机床技术参数。

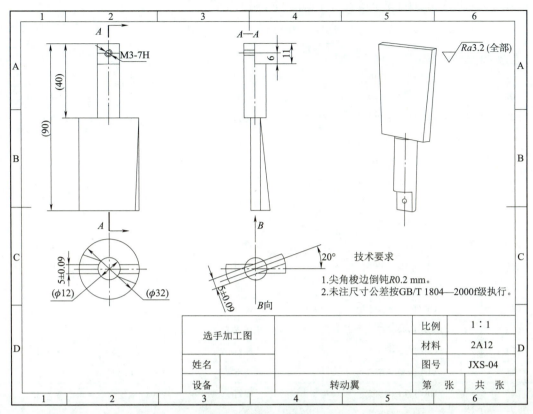

图 3-1-9　转动翼零件图

立式加工中心的基本构成如图 3-1-10 所示。

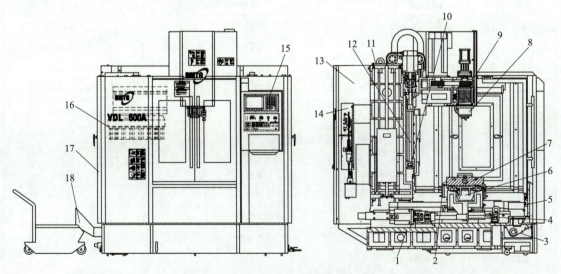

图 3-1-10　立式加工中心的基本构成

1—底座；2—X 向导轨防护；3—水箱；4—Y 轴伺服驱动；5—Y 向导轨防护；6—X 轴伺服驱动；
7—工作台与十字滑台；8—主轴；9—主轴箱；10—Z 轴伺服驱动；11—立柱；12—Z 向防护罩；
13—电气柜；14—气动与润滑；15—操作箱；16—刀库；17—整体防护；18—排屑装置

大连机床厂 VDL-600 型立式加工中心的部件明细见表 3-1-8。

表 3-1-8　大连机床厂 VDL-600 型立式加工中心的部件明细

| 编号 | 图号 | 名称 | 数量 | 规格 |
|---|---|---|---|---|
| 001 | VDL1000-70102 | 左压板 | 1 | |
| 002 | GB/T 70—1985 | 螺钉 | 5 | M12×50 |
| 003 | GB/T 71—1985 | 螺钉 | 1 | M6×10 |
| 004 | VDL1000-70301 | 刮屑板 | 1 | |
| 005 | GB/T 65—2000 | 螺钉 | 4 | M6×12-Zn |
| 006 | 106021 | 直角接头 | 4 | LA-4 |
| 007 | 106253 | 油管接头 | 4 | CB-4 |
| 008 | 106254 | 双锥卡套 | 4 | CS-4 |
| 009 | 106271 | 软管衬套 | 4 | T1-4 |
| 010 | GB/T 18—2000 | 螺钉 | 13 | M6×12 |
| 011 | GB/T 97.1—2002 | 垫圈 | 13 | |
| 012 | GB/T 70—1985 | 螺钉 | 3 | M6×12 |
| 013 | VDL1000-70707 | 托链支架 | 1 | |
| 014 | GB/T 70—1985 | 螺钉 | 2 | M6×25 |
| 015 | VDL1000-70706 | 开关支架 | 1 | |
| 016 | GB/T 70—1985 | 螺钉 | 2 | M5×35 |
| 017 | D4C-3332 | 限动开关 | 2 | |
| 018 | VDL1000-70302 | 刮屑板 | 1 | |
| 019 | GB/T 65—2000 | 螺钉 | 3 | M6×12-Zn |
| 020 | VDL1000-70103 | 右压板 | 1 | |
| 021 | GB/T 70—1985 | 螺钉 | 5 | M12×50 |
| 022 | GB/T 71—1985 | 螺钉 | 1 | M6×10 |
| 023 | 106021 | 直角接头 | 2 | LA-4 |
| 024 | 106253 | 油管接头 | 2 | CB-4 |
| 025 | 106254 | 双锥卡套 | 2 | CS-4 |
| 026 | 106271 | 软管衬套 | 2 | T1-4 |
| 027 | VDL1000-70303 | 刮屑板 | 1 | |
| 028 | GB/T 65—2000 | 螺钉 | 3 | M6×12-Zn |
| 029 | 106029-2 | 直角接头 | 1 | LA-4 |
| 030 | 106253 | 油管接头 | 1 | CB-4 |
| 031 | 106254 | 双锥卡套 | 1 | CS-4 |
| 032 | 106271 | 软管衬套 | 4 | T1-4 |
| 033 | VDL1000-70304 | 刮屑板 | 1 | |
| 034 | GB/T 65—2000 | 螺钉 | 4 | M6×12-Zn |
| 035 | SPC12-02 | 快速接头 | 1 | 1/4×12 |
| 036 | VDL1000-70720 | 堵 | 2 | |

| 编号 | 图号 | 名称 | 数量 | 规格 |
|------|------|------|------|------|
| 037 | VDL1000-70101 | 主轴箱 | 1 | |
| 038 | VDL1000-70708 | 支架 | 1 | |
| 039 | GB/T 70—1985 | 螺钉 | 2 | M6×16 |
| 040 | 106405 | 抵抗式连接体 | 1 | PJ-8S |
| 041 | 105012 | 抵抗式计量件 | 7 | HJB-3 |
| 042 | 106251 | 接头螺母 | 7 | CN-4 |
| 043 | 106254 | 双锥卡套 | 7 | CS-4 |
| 044 | 106271 | 软管衬套 | 7 | T1-4 |
| 045 | GB/T 70—1985 | 螺钉 | 2 | M6×20 |
| 046 | VDL1000-70709 | 电动机座 | 1 | |
| 047 | GB/T 70—1985 | 螺钉 | 4 | M12×40 |
| 048 | GB/T 97.1—2002 | 垫圈 | 4 | |
| 049 | GB/T 85—1988 | 螺钉 | 4 | M12×45 |
| 050 | SJ-PF11-01Z | 主轴电动机 | 1 | |
| 051 | GB/T 70—1985 | 螺钉 | 4 | M14×30 |
| 052 | GB/T 93—1987 | 垫圈 | 4 | |
| 053 | — | 增压气缸 | 1 | 3500 |
| 054 | GB/T 70—1985 | 螺钉 | 4 | M10×35 |
| 055 | VDL1000-70711 | 垫 | 4 | |
| 056 | VDL1000-70506 | 垫 | 4 | |
| 057 | VDL1000-70712 | 调整垫 | 4 | |
| 058 | VDL1000-70710 | 气缸座 | 1 | |
| 059 | GB/T 70—1985 | 螺钉 | 4 | M10×80 |
| 060 | VDL1000-71701 | 主轴 | 1 | |
| 061 | — | 胀套 | 2 | Z1-48×55 |
| 062 | VDL1000-70716 | 压紧盖 | 1 | |
| 063 | GB/T 70—1985 | 螺钉 | 4 | M6×16 |
| 064 | GB/T 97.1—2002 | 垫圈 | 4 | |
| 065 | VDL1000-70715 | 封盖 | 1 | |
| 066 | GB/T 818—2000 | 螺钉 | 4 | M6×12 |
| 067 | VDL1000-70713 | 左扣盘 | 1 | |
| 068 | GB/T 70—1985 | 螺钉 | 2 | M10×25 |
| 069 | VDL1000-70714 | 右扣盘 | 1 | |
| 070 | GB/T 70—1985 | 螺钉 | 2 | M10×25 |
| 071 | P020 | 管牙接头 | 1 | 3/8×3/8 |
| 072 | VDL1000-70719 | 单向阀 | 1 | |
| 073 | GB/T 70—1985 | 螺钉 | 8 | M6×16 |

| 编号 | 图号 | 名称 | 数量 | 规格 |
|------|------|------|------|------|
| 074 | VDL1000-70718 | 右盖板 | 1 | |
| 075 | L31-5-G3/8B | 冷却软管 | 1 | 长410 带开关 |
| 076 | L31-5-G3/8A | 冷却软管 | 1 | 长410 带开关 |
| 077 | VDL1000-70305 | 管接头 | 2 | |
| 078 | VDL1000-70717 | 左盖板 | 1 | |

## 📝 课后测试与习题

1. 数控铣床的定义是＿＿＿＿＿＿＿＿＿＿＿＿＿＿＿＿＿＿＿＿＿＿＿＿＿＿＿＿＿＿＿＿。

   **答案**：以普通铣床为基础，由计算机进行控制的铣床，能够实现镗、铣、钻孔等工艺。

2. 以下模块不属于数控铣床机械组成的是（　　　）。

   A. 主轴箱　　　　　　B. 圆盘式刀库　　　　　C. 立柱　　　　　　　　D. 平口钳

   **答案**：B

3. 数控机床承接的加工工件，需要先查看零件形状特点，检查是否能加工，然后查看零件的尺寸，这涉及机床主要技术参数中（　　　）的内容。

   A. 工作台尺寸　　　　　　　　　　　　　B. 定位精度

   C. 机床外形尺寸　　　　　　　　　　　　D. 进给切削运动性能

   **答案**：AB

4. 数控铣床主轴需要进行维护，其中精度检测与动平衡是主要的检查内容，图3-1-11显示主轴端面与百分表的位置关系，涉及的检测内容是（　　　）。

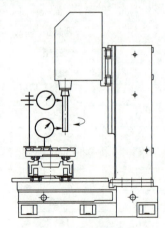

**图 3-1-11　题 4 图**

   A. 数控铣床主轴的径向跳动　　　　　　　B. 数控铣床主轴的平面度

   C. 数控铣床主轴的平行度　　　　　　　　D. 数控铣床主轴的轴向窜动

   **答案**：A

5. 数控铣床的组成包括（　　　）。

   A. 立柱　　　　　　　　B. 床身　　　　　　　C. 主轴箱　　　　　　　D. 十字滑台

   **答案**：ABCD

## 任务描述

车间内某三轴立式数控铣床在换刀过程中出现刀柄不能夹紧的故障，将机床复位后刀柄依然不能夹紧，不能进行正常的切削加工任务，需要机床维修人员检修主轴部件，完成机床主轴保养，恢复生产。

● 知识目标
（1）数控铣床主轴传动系统的常见类型。
（2）掌握带传动式数控铣床主轴箱的结构组成。
（3）掌握数控铣床主轴的工作原理。

● 能力目标
（1）能够识别数控铣床的主轴传动系统。
（2）能够辨识铣床主轴部件。
（3）具备主轴日常保养的意识和能力。

● 素质目标
（1）培养专业图纸识读的能力。
（2）精益求精的职业精神。

数控铣床主轴
机械组成

## 任务实施

在数控铣床中主轴是机床本体的重要组成部分，主轴带动刀具旋转，它的精度直接决定加工产品质量。此外，与数控车床主轴相比，数控铣床主轴还具有刀柄的拉紧与松开功能，显然它的结构更加复杂，需要数控加工操作人员了解其结构组成、选型人员了解主轴的分类及主要技术参数、数控维修人员掌握实现各功能的机构，这都需要我们了解数控铣床主轴的内部结构，能够正确维护和保养主传动系统。结合本课程的学习目标，本次任务的主要内容如下：

（1）了解数控铣床主轴传动系统的常见类型。
（2）掌握带传动式数控铣床主轴箱的结构组成。
（3）掌握数控铣床主轴的工作原理。
（4）能够辨识铣床的主轴部件。
（5）具备主轴日常保养的意识和能力。

### 一、概述

数控铣床的主轴传动系统是实现机床主轴刀具旋转的传动系统，特点是具有稳定的速度、一定的变速范围，且可以实现主运动旋转方向的切换及主轴的定向准停，因此与数控车床主轴相比其结构更复杂。此外，与数控车床主轴相比，其还有能够拉紧与松开刀柄的功能。

数控铣床主轴一般由刀柄带动刀具旋转，是数控铣床的主运动。数控铣床及铣削加工中心的工件与刀具的位置关系如图 3-2-1 所示，在切削加工表面与未加工表面之间存在过渡面，为了保证数控加工持续及完成数控车削加工，需要给主轴转速，这是铣削加工中的主运动；同时，工件需要沿进给轴向做线性复合运动，这是铣削加工中的进给运动，两者配合实现数控铣削加工。

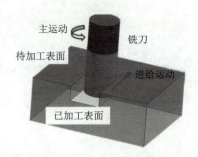

主运动

铣刀

待加工表面

进给运动

已加工表面

**图 3-2-1　数控铣床主运动示意图**

作为数控铣床的核心部件，数控铣床主运动系统的动态特性直接影响机床性能及加工精度。数控铣床主运动系统主要由主轴箱、主轴组件、主轴电动机、传动部件、松刀机构、拉刀机构以及相应的辅助机构组成。

• **学生任务**

对比分析数控铣削加工的主运动和进给运动各自的特点。

_____

_____

_____

_____

_____

## 二、结构与原理

数控铣床主轴传动系统的主要组成部件包括主轴箱、主轴本体、芯棒、套筒、轴承、主轴内的拉杆、锁紧螺母、轴承隔套、碟形弹簧、同步带轮、同步带、打刀气缸、主轴伺服电动机、编码器以及其他辅助装置。

观察数控铣床的主轴图纸，首先从动力角度观察，可见主轴轴体通过同步带轮、齿形带，由主轴电动机带动旋转，其运行原理是录入数控系统内的 NC 代码，如"M03 S500"指令控制主轴放大器，以被放大后的脉冲信号控制主轴伺服电动机转动。

其次，从主轴的功能角度观察，我们知道数控铣床主轴可以实现刀柄的装刀和卸刀功能。一般来说，数控铣刀通过卡簧安装在刀柄，刀柄后的拉钉被主轴芯棒内部的拉刀爪锁紧和松开，以实现上述功能。

当主轴需要装入刀柄时，主轴上方的打刀气缸推入高压气体；同时，在液压装置的推动下，推力克服碟形弹簧做功，拉杆以及它前端的拉刀爪被向下推出，由于主轴前端内部呈阶梯状，故拉刀爪在前移的过程中由约束状态变化为不受约束状态，在自身弹性的作用下拉刀爪被释放，呈开放状态，此时可以将刀柄装入主轴内。需要注意的是，如果是数控加工中心，通过主轴的准停功能以及机床自身带有的自动换刀装置，机械手夹住刀柄能够自动找正主轴上的导向键位置，使刀柄的导向槽与主轴的导向键匹配；如果是数控铣床，由于没有自动换刀装置，故需要操作人员手动装入刀柄，手动匹配刀柄导向槽与主轴的导向键位置，完成后液压启动系统接收信号，打刀气缸复位，碟形弹簧恢复原状，并带动拉杆及拉刀爪上移，拉刀爪所处的轴向间隙收缩而被压紧，拉紧刀柄尾部的拉钉，即完成主轴装刀动作。同理可知卸刀动作逻辑顺序。

一般来说，在铣床操作过程中，如果机床是增量式编码器，则加工前需要先将各运动轴移动到机床原点，使主轴箱沿 Z 轴方向向上移动，这需要控制 Z 向进给的行程，所以在图纸上可以观察到主轴右侧有一组限位开关，也称为硬限位，可以避免超程。另外，主轴箱及其内部包括主轴本体、主轴伺服电动机等组成的主运动系统自重大，可以通过固定在立柱顶端的定滑轮组与平衡块配合，保持平衡状态。

　　数控铣床主轴传动系统组成如图3-2-2所示。

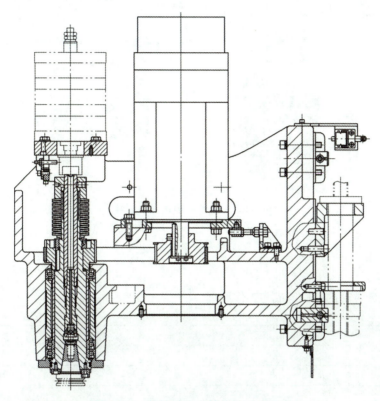

图 3-2-2　数控铣床主轴传动系统组成

数控铣床主轴传动系统的气动原理见表3-2-1。

表 3-2-1　数控铣床主轴传动系统的气动原理

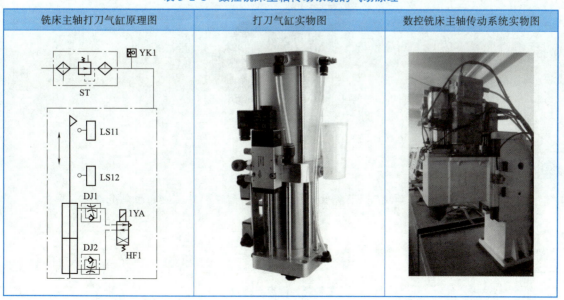

| 铣床主轴打刀气缸原理图 | 打刀气缸实物图 | 数控铣床主轴传动系统实物图 |
|---|---|---|

此外，主轴中的轴承游隙可以保证轴得以灵活无阻滞地运转，但是游隙对主轴运转精度和稳定性存在消极影响，包括消除主轴的动态性能，如噪声、振动、摩擦、旋转精度、使用寿命（磨损与疲劳）以及承载能力等对其都有很大影响。因此需要对轴承进行预紧消隙处理，包括消除径向游隙和轴向游隙，以保证主轴的回转精度。

轴承结构组成与间隙如图 3-2-3 所示。

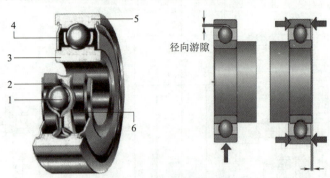

**图 3-2-3　轴承结构组成与间隙**

（a）滚动轴承组成；（b）轴承游隙

1—球；2—保持架；3—内圈；4—防尘器；5—外圈；6—油脂

• 学生任务

阐述数控铣床主轴的结构组成与工作原理。

_____

_____

_____

_____

_____

写出数控铣床主轴的组成部件，如图 3-2-4 所示。

**图 3-2-4　铣床主轴**

🔍 **小提示**

"学如逆水行舟，不进则退"，了解数控铣床主轴的组成部件，快来扫码观看吧。

**主轴部件清点与检查**

装配好的数控铣床主轴品质如何评估？需要主轴具有哪些特性表征品质高低呢？

_____

_____

_____

_____

_____

## 🔍 小提示

"知行合一，止于至善"，数控铣床主轴的部件品质由精度反映，形状精度和装配精度都需要娴熟的技术实现，技能大师是如何装配主轴的？是不是有什么技巧呢？满足你的好奇心，快来扫码观看技能大师的主轴预装配操作吧。

主轴预装配与预紧量设定

## 三、性能

### 1. 精度与刚度

主轴部件的刚度是指受外力作用时，主轴抵抗变形的能力。通常以主轴前端产生单位位移时，在位移方向上所施加作用力的大小来表示。主轴部件的刚度与主轴结构、尺寸、支承跨距、选用的轴承类型、轴承配置方式、轴承预紧力以及主轴传动元件的位置有关。良好的刚度能够保证主轴传动系统的传动平稳，保持低噪声运行状态有利于保证加工精度。此外，采用精度高的轴承及合理的支承跨距也可以提高主轴组件的刚度。

### 2. 抗振性

主轴部件的抗振性是指切削加工时，主轴保持平稳运转且不发生振动的能力。如果主轴组件抗振性差，工作时容易产生振动，那么不仅会降低加工质量，而且限制了机床的生产率，缩短了刀具的使用寿命。提高主轴的静刚度是降低主轴抗振性的有效方法。

数控铣床基础件包括主轴箱选材时，应考虑具有吸收能量的作用，具有抗振性，这是因为在加工时，可能由于断续切削、加工余量不均匀、运动部件不平衡等引起冲击力、交变力干扰加工，导致主轴产生振动，影响加工精度和表面粗糙度，严重时可能会破坏刀具和主轴系统中的零件，使其无法工作，因此需要良好的抗振性。

### 3. 热变形

主轴部件的运转必定会造成温度变化，过高的温升会引起两方面的不良结果：一是主轴部件和箱体因热膨胀而变形，主轴的回转中心线和机床其他元件的相对位置会发生变化，直接影响加工精度；二是轴承等元件会因温度过高而改变已调好的间隙，破坏正常的润滑条件，降低传动效率，影响零部件之间的相对位置精度和运动精度，产生加工误差，影响轴承的正常工作。采用主轴中心出水冷却，且出水压力需达到 15 MPa 或以上；或者采用恒温主轴箱也是解决主轴部件温升过高的有效办法。同时，主运动系统要有较高的固有频率（增加质量）、保持动平衡并通过良好的循环润滑冷却系统降低热影响。

### 4. 耐磨性

主轴部件必须有足够的耐磨性，以便能长期保持精度。主轴上易磨损的地方是刀具的安装部位，即主轴前端锥孔，也称作"主轴接口"，它有形式和尺寸的区别。目前市场上主流机床匹配的接口主要有 BT 和 HSK 两种规格。BT 刀柄市场保有量大，主要在普通数控铣床中应用，转速不会太高、价格便宜，其价格只是与其规格相当的 HSK 刀柄价格的 $1/3 \sim 1/2$，常用的规格为BT40。为了提高耐磨性，主轴芯棒应采用淬火工艺来提高硬度，或者通过氮化处理以提高其硬度。同时，良好的润滑是降低主轴轴承磨损的有效方法。

### 5. 调速范围大

为了保证加工时能选用合理的切削用量，获得高的生产率、良好的表面质量和加工精度，数控铣床应该具有大范围调速的能力。此外，对于数控加工中心而言，为了适应多道工序和多样的加工材料，主轴系统的调速范围也应该较大。

- 学生任务

学员任务分配表见表 3-2-2。

表 3-2-2　学员任务分配表

| 班级 | | 组号 | | 指导教师 | |
|---|---|---|---|---|---|
| 组长 | | 学号 | | | |
| 组员 | 姓名 | 学号 | | 姓名 | 学号 |
| | | | | | |
| | | | | | |
| | | | | | |
| | | | | | |
| 任务分工 | | | | | |

根据数控铣床主轴性能指标，给出各性能检测方案及使用的仪器/工具，见表 3-2-3。

表 3-2-3　性能检测方案及使用的仪器/工具

| 性能项目 | 检测方案 | 使用仪器名称 |
|---|---|---|
| | | |
| | | |
| | | |
| | | |
| | | |
| | | |

## 四、类型

一般来说，主轴传动系统的输出功率和转矩影响了机床的切削性能，这主要取决于主轴电动机的性能以及传动系统的类型和布置形式。目前重载数控铣床采用变速齿轮的传动方式，通过齿轮副变速降低转速、增大输出扭矩，以满足主轴输出大扭矩特性的要求，这种传动方式的传动链较长，长时间服役的机床存在齿隙、主传动响应；普通数控铣床的主轴传动系统则是由主轴电动机通过带传动的形式带动主轴旋转，没有较大的减速比，因此适用于加工小型零件、切削力较小的情况；对于先进的数控加工中心来说，也有通过调速电动机直接驱动主轴的传动方式，进一步简化了主运动系统的传动链，提高了传动的精度，也有效地提高了主轴部件的刚度，但是这种传动结构的特点是主轴电动机靠近机床主轴末端，电动机发热对主轴的精度有较大影响；随着数控加工技术的不断进步，为了提升主轴极限转速，数控铣床家族出现了高精机概念，用于加工高精密零件，通过主轴转速的提升获得工件好的表面质量，出现了主轴技术革新，即电主轴的驱动形式，它是将机床主轴与主轴电动机融为一体的新技术。以上四种主传动类型是目前较为常见的形式。

主轴的主要传动类型见表 3-2-4。

表 3-2-4　主轴的主要传动类型

| 机床类型 | 传动类型 | 适用类型 | 原理图 |
|---|---|---|---|
| 低档 | 变速齿轮式 | 重载 | |
| 中、低档 | 带传动式 | 中载、高精度。<br>主轴电动机通过传动带和带轮将动力传递到主轴，可以避免振动与噪声 | |
| 中、高档 | 电动机直驱式 | 轻载、高精度加工。<br>通过调速电动机直接驱动 | |
| 高档 | 电主轴式 | 轻载、高速加工。<br>避免因转动惯量大而出现振动、噪声、传动带打滑缺陷 | |

● 学生任务

查阅示教设备技术材料，判定主轴的传动类型；查找技术参数，阐述该类型主运动系统的特点。

_____

_____

_____

_____

_____

### 五、选型

#### 1. 主轴的转速

数控铣床主轴选型考虑的因素主要是切削力和转速，从参数上看往往由主轴电动机的功率决定。一般来说，铣床用的机械主轴转矩大，其最高转速在 12 000 r/min 左右；常用的主轴转速在 6 000~8 000 r/min，如果经常加工小直径孔，如直径为 1 mm 的孔，选用最高转速 10 000 r/min 或以上的主轴即可以满足要求了。此外，使用电主轴的高精机，主轴转矩小，因此转速高，高转速甚至可以达到 60 000 r/min。此外，对应的主轴电动机功率也是衡量主轴转速和转矩的参数。

#### 2. 传动类型

目前数控铣床的主轴电动机之间有直接驱动和带传动两种形式，高性能的数控加工中心也有安装电主轴的情况。为避免使用齿轮传动，取而代之的是带传动、直连驱动甚至电主轴的驱动形式，可以尽量地减少传动链、简化驱动结构、减小振动、降低噪声；对于带传动的主轴类型，主轴电动机的保护简单、可靠。

#### 3. 保养须知

虽然主轴的结构简单、体积小，但是由于它的工作特点是高转速，同时主轴的状态直接影响了数控加工产品的质量，因此主轴需要良好的保养和维护，不同类型的主轴保养、维护工作的成本各有不同，因此保养的经济性也是考虑的一个因素。

不同数控设备的管理方式不同，其保养的类别也不同。一般来说，首先应该按照设备在生产流程中的重要程度分类，比如作为生产线中的关键设备，应该属于关键、重点设备标准维护、保养；再如单一生产品种的独立普通数控铣床，设备保养的类别应该按普通保养标准执行。此外，数控机床的价值高低也是进行养护标准差异的一个考量因素。数控铣床/铣削加工中心也需要按照时间周期性的定期进行保养与维护，包括日常保养、一级保养和二级保养等。

为了保证主轴有良好的润滑，通常采用循环式润滑系统，减少摩擦发热的同时可以带走热量。用液压泵供油强力润滑，在油箱中使用油温控制器控制油液温度。目前许多数控机床的主轴采用高级锂基润滑脂封闭方式润滑，每加一次油脂可以使用 7~10 年，在简化结构的同时降低了成本。

主轴拉紧装置的清洁可以通过高压气体实现。在打刀气缸的作用下，拉杆带动拉刀爪移动松开刀柄，此时压缩空气由喷气头经过活塞中心孔和拉杆中的孔吹出，将锥孔清理干净，防止主轴锥孔中掉入切屑和灰尘，同时保证了刀具的正确位置。

- 学生任务

（1）查阅示教设备技术材料，判定主轴的传动类型。

_____

_____

_____

_____

（2）查找技术参数，阐述该类型主运动系统的特点。

_____

_____

_____

_____

数控铣床主轴传动系统的保养与维护见表 3-2-5。

表 3-2-5　数控铣床主轴传动系统的保养与维护

| 等级 | 检查部位 | 检查要求 |
|---|---|---|
| 日常保养 | 主轴润滑与冷却 | （1）检查润滑油的油面、油量，及时添加润滑油；<br>（2）检查 Z 向导轨各润滑点是否有润滑油流出；<br>（3）加工中冷却液时是否能正常供给 |
| | 外观与运行状态检查 | （1）主轴箱是否洁净；<br>（2）是否存在异常 |
| 一级保养<br>（半年） | 主轴箱及主轴恒温油箱 | （1）清洁电气箱内、外的尘土、污物；<br>（2）清洁电动机上的尘土；<br>（3）检查电气柜空调/换热器是否正常 |
| | 主轴电气箱/电动机 | （1）主轴箱的平衡系统应检查钢丝绳紧固情况；<br>（2）如果是液压平衡结构的主轴箱平衡系统，则应检查油路有无泄漏，检查主轴箱快速运行时压力波动值，是否能正常不充油液 |
| 二级保养<br>（每年） | 主轴箱及主轴恒温油箱 | 检查并修复主轴锥孔接触情况，去除毛刺 |
| | 主轴精度检测 | 检测主轴的轴向窜动和径向跳动，调整至出厂标准或满足企业生产工艺要求 |

## 六、精度检测

数控铣床主轴的主要部件包括主轴芯棒、主轴成组轴承、安装在主轴上的传动元件以及主轴的密封件。数控加工时，主轴带动刀具做主运动，直接参与表面的成形运动，因此主轴的精度、刚度和热变形对数控加工产品的质量及生产效率有重要影响。因此，在数控加工前，尤其是购置新机床后应该验证主轴的精度。

数控铣床主轴的精度检测主要包括两个方面：首先是几何精度，主要是指主轴组件的几何精度，检测条件是在主轴装配以后、无负载的条件下低速速转动时，主轴轴线和主轴前端安装的检验棒径向/轴向跳动，或者主轴对某个参考平面（比如工作台）的位置精度，包括平行度、垂直度；回转精度是指主轴在正常的加工状态下旋转时，主轴轴线位置的变化。以上两种精度常被认为是主轴的静精度和动精度。

- 引导问题

说明验证主轴部件几何精度及回转精度的选用仪器与检测方法。

_____

_____

_____

_____

_____

_____

_____

_____

主轴旋转时由于多种因素共同作用，比如零件加工误差、机床位置精度的影响，主轴的旋转中心线并不是固定不变的，它的空间位置可能会不断变化，我们一般认为瞬时旋转中心线的平均空间就是理想旋转中心线，瞬时旋转中心线相对于理想回转中心线在空间的位置距离，就被认为是主轴的旋转误差。目前基本均采用静态测量法来测量主轴的旋转精度，即将一个精密的检验棒插入主轴锥孔中，用千分表测头触及检验棒的圆柱侧面，低速转动主轴观察千分表的指针跳动和度数测量，千分表读数的最大、最小值作差即为主轴的径向旋转误差，也就是径向圆跳动。普通级加工中心的径向圆跳动近端不许超过 0.007 mm，轴向移动 300 mm 处圆跳动不许超过 0.015 mm。旋转误差的轴向周期性窜动许用公差为 0.005 mm。主轴的精度检测内容见表 3-2-6。

表 3-2-6  主轴的精度检测内容

| 精度检测内容 | 检验设备 | 精度检测示意图 |
| --- | --- | --- |
| 主轴旋转精度 | 检验棒、千分表、百分表座 | 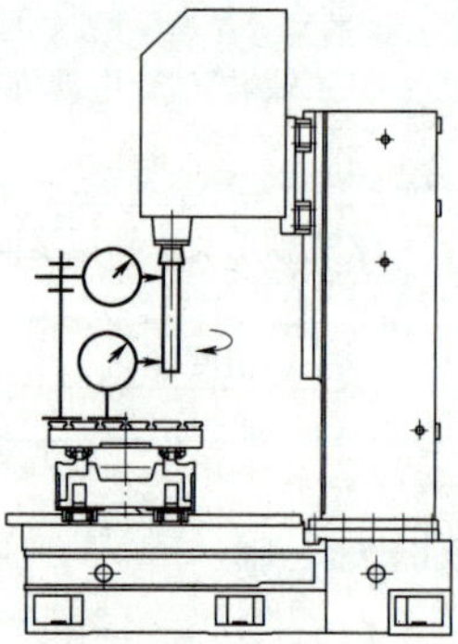 |
| 主轴轴向窜动 | 千分表、百分表座 | 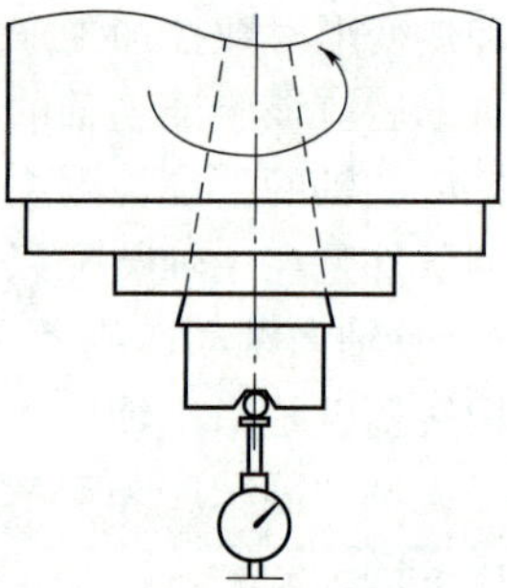 |

🔍 **小提示**

"问渠那得清如许，为有源头活水来"，已经掌握了数控铣床主轴的精度检测理论方法，那么在实际操作中有何技巧呢？在工程实践中究竟是如何进行精度检验的呢？快来扫码观看数控铣床主轴的精度检测操作微课视频吧。

**铣床主轴部件精度检测**

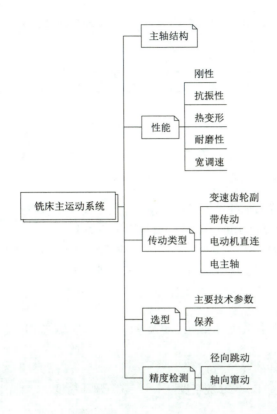

• **学习任务小结**

新知识记录：_____

新技能记录：_____

小组协作体会：_____

任务评价

任务综合目标评价表见表3-2-7。

**表3-2-7　任务综合目标评价表**

| 班级 | | 姓名 | | 学号 | |
|---|---|---|---|---|---|
| 序号 | 评价内容 | 具体要求 | | 完成情况 | 成绩 |
| 1 | 知识目标（40%） | 数控铣床主运动系统的常见类型 | 优□ 良□ 中□ 差□ | | |
| | | 掌握带传动式数控铣床主轴箱的结构组成 | 优□ 良□ 中□ 差□ | | |
| | | 掌握数控铣床主轴的工作原理 | 优□ 良□ 中□ 差□ | | |
| 2 | 能力目标（40%） | 能够辨识铣床主轴部件 | 优□ 良□ 中□ 差□ | | |
| | | 能够识别数控铣床的主运动系统 | 优□ 良□ 中□ 差□ | | |
| | | 具备主轴日常保养的意识和能力 | 优□ 良□ 中□ 差□ | | |
| 3 | 素质目标（20%） | 培养专业图纸识读的能力 | 优□ 良□ 中□ 差□ | | |
| | | 精益求精的职业精神 | 优□ 良□ 中□ 差□ | | |

**任务拓展**

至少查找一种数控铣床用的主轴型号，指出主要技术参数并说明其适用于何种机床。

_____

_____

_____

_____

_____

**课后测试与习题**

1. （　　）数控机床刀具刀柄的结构形式分为整体式与模块式两种。

2. 与 YL-1506A 型主轴配合使用的刀柄主要是以下哪一类型（　　）。

A. CAT（7：24）锥刀柄 　　　　　　　　　B. HSK（1：10）刀柄

C. ER 刀柄 　　　　　　　　　　　　　　　D. 直刀柄

**答案：B**

3. 名词解释：定向装配。

**答案：** 是指人为地控制各装配件径向跳动误差的方向，使误差相互抵消而不是累积，以提高装配精度的方法。

4. 定向装配可以提高主轴的（　　）。

A. 回转精度 　　　B. 尺寸链精度 　　　C. 开环精度 　　　D. 封闭环精度

**答案：A**

5. 刀柄结构形式的选择应满足的特点包括（　　）。

A. 长期反复使用的简单刀具应使用整体式刀柄

B. 加工需要经常变化的零件时，应选用模块式刀柄

C. 应选用刀柄尺寸大的类型应用于高速精加工中，以保证切削强度

D. 目前已有的刀柄类型中 CAT（7：24），锥刀柄更符合高精机的要求

**答案：AB**

---

## 任务3.3　数控铣床进给机构的选用与养护

**数控机床进给系统的结构与组成**

### 任务描述

工厂某三轴立式数控加工中心在运行时，工作台 $X$ 轴方向位移接近行程终端的过程中，存在明显的机械振动现象，且该故障未出现系统报警，需要维护人员进行机床排除故障处理。在车间实习的助理工艺员首先需要查看十字滑台图纸，确定机床进给系统的机械组成。

- **知识目标**

（1）掌握数控铣床进给系统的组成。

（2）掌握反向传动间隙误差的成因。

● 能力目标

（1）能够辨识导轨滑块副的类型。

（2）具备滚珠丝杠螺母副的养护能力。

（3）能够消除机械传动间隙。

● 素质目标

（1）培养专业图纸识读的能力。

（2）体验精益求精的工匠精神。

## 任务实施

在数控铣床上十字滑台是机床本体的重要组成部分，十字滑台带动工作台移动，控制被加工件的进给运动，直接参与数控加工过程，因此十字滑台的性能直接决定数控加工产品的质量。此外，与普通数控车床主轴相比，十字滑台中的两组进给系统呈垂直状布置，需要的精度要求更严格、结构也更加复杂，这需要数控加工操作人员了解十字滑台的结构组成，数控装调人员了解其主要技术参数，保证正确维护和保养进给传动系统。结合本课程的学习目标，本次任务的主要内容如下：

（1）掌握数控铣床进给系统的组成。

（2）掌握反向传动间隙误差的成因。

（3）能够辨识导轨滑块副的类型。

（4）具备滚珠丝杠螺母副的养护能力。

（5）能够消除机械传动间隙。

（6）体验精益求精的工匠精神。

### 一、概述

进给运动是使刀具与工件之间产生附加的相对运动，使进给运动能够连续切除工件上多余的金属，以便形成工件表面所需的运动，是维持减材加工不断进行的运动。进给运动与主运动相比，它的运动不唯一，举例说明：数控车床中需要配合 $X$ 方向与 $Z$ 方向的共同运动作为进给运动；在三轴立式数控铣床中加入了 $Y$ 方向的进给运动，$XY$ 驱动工作台带动加工毛坯在平面内做复合运动，$Z$ 向的进给运动控制刀具做竖直方向的运动，控制刀具靠近或者远离被加工材料；与主运动相比，进给运动的速度较低，比如，数控铣削加工中心的工作转速可以达到 10 000 r/min，进给量一般控制在 3 000 mm/min 以内；另外，进给运动的方式包括线性运动、回转或者摆动，在数控车床和数控铣床中，只以线性运动的形式存在，而在车/铣削加工中心，引入第四轴或第五轴，是以摆动或转动的形式控制刀轴矢量或毛坯角度的运动，这种旋转运动也是进给运动的一种。

● 学生任务

如图 3-3-1 所示，对比数控车床和数控铣床，指出各机床的进给传动系统位置，并尝试阐述两者的异同。

_____

_____

_____

_____

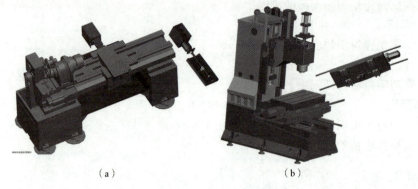

（a）                                （b）

图 3-3-1　数控车床和数控铣床

（a）数控车床；（b）数控铣床

- 引导问题 1

试分析数控铣床的进给传动系统包括的部件及功能。

_____

_____

_____

_____

## 二、组成

为了方便观察，我们将三轴立式数控铣床的进给系统从机床中独立出来，并拆开观察内部结构，如图 3-3-2 所示。可以看到数控车床由 $X/Y$ 两组传动系统组成，都是伺服电动机通过联轴器带动丝杠螺母副，将伺服电动机的旋转运动转变成螺母的线性运动，进而带动工作台运动，其中，丝杠的长度决定了铣床的加工范围，这就是普通三轴立式数控铣床的进给运动系统，即十字滑台的结构组成。这种传动系统无中间传动链，进给快、稳定且响应迅速，但是防护要求特别高，尤其是要防止废屑进入轮旋槽内；传动精度如最高移动速度、跟踪精度、定位精度等重要指标都是由伺服系统的静态与动态性能决定的，以闭环控制系统的定位精度最高。

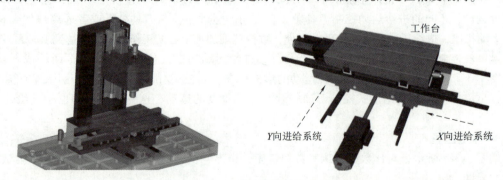

工作台

Y向进给系统                    X向进给系统

图 3-3-2　立式铣床中的十字滑台

十字滑台的执行机构可以是直线电动机，也可以是伺服电动机驱动的滚珠丝杠螺母副，后者适用于小型机床，其优点是摩擦力小、移动速度快，同时需要配合导轨滑块副作为导向装置，保证导向精度。

立式数控铣床除 $XY$ 进给轴外，还有 $Z$ 向进给系统，不过一般来说 $Z$ 向移动距离较短，对效率的影响较小；又因为主轴系统直接承受加工中的作用力，故 $Z$ 向的刚性极为重要；除了考虑刚性外，$Z$ 向的自锁性也是重要的功能，因为滚珠丝杠螺母副不能自锁，因此，主轴的 $Z$ 向空间定位就需要异于 $XY$ 进给系统的功能了。

● 引导问题

立式数控铣床异于 $XY$ 进给系统的 $Z$ 向进给系统不处于水平状态，根据已经学习的滚珠丝杠螺母副传动原理和特点，在 $Z$ 向进给系统的定位需要具有什么功能吗？请查阅相关资料，指出目前数控铣床实现 $Z$ 向定位功能的技术实施方案。

_____

_____

_____

_____

## 三、原理

十字滑台是数控铣床的重要组成部分，是进给系统的重要内容。十字滑台是指由两组直线滑台按照 $X$ 轴方向和 $Y$ 轴方向组合而成的组合滑台，其中一组直线滑台固定在另一组滑台的滑块上，通常也称为坐标轴滑台、$XY$ 轴滑台。十字滑台把 $X$ 轴固定在 $Y$ 轴的滑台上，这样 $X$ 轴上的滑块就是运动对象，既可以由 $Y$ 轴控制滑块的 $Y$ 方向运动，又可以由 $X$ 轴控制滑块的 $X$ 方向运动，其运动方式一般由外置驱动伺服电动机实现。其是数控铣床承载工作台及带动被加工毛坯做平面内合成运动的基础件，可以实现平面坐标的定点运动、线性或者曲线运动，常采用高牌号铸铁或镶钢结构，按照精密程度可以分为普通级和精密级两种。

立式铣床装配图如图 3-3-3 所示。

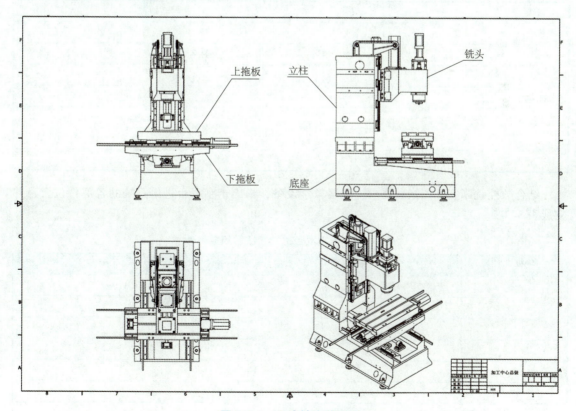

图 3-3-3　立式铣床装配图

数控铣床的十字滑台运动是进给运动的结果，其工作原理是在伺服电动机的驱动下，通过联轴器带动滚珠丝杠回转，螺母做线性运动，工作台在滑块的支撑下通过与螺母的刚性连接而沿着导轨做进给运动，并通过电动机的正反转控制进给方向的切换。

在执行进给运动的过程中，伺服电动机作为动力源、滚珠丝杠螺母副作为执行机构、导轨滑块副作为导向机构、限位开关作为限位保护装置、光栅尺作为测量反馈装置、电动机座与螺母座等作为连接固定装置保证系统正常运行。

十字滑台进给执行系统的滚珠丝杠螺母副的组成与工作原理在数控车床进给系统部分已经阐述，因此不再赘述。这里主要认识滚珠丝杠螺母副的型号以及工作误差的成因分析及补偿办法。

## 小提示

"古人学问无遗力，少壮工夫老始成"，学习技能知识要多查阅资料。扫一扫下方二维码，观看电子版进给系统图纸吧。

**数控铣床上拖板仿真搭建**

● 学生任务

学员任务分配表见表 3-3-1。

表 3-3-1　学员任务分配表

| 班级 | | 组号 | | 指导教师 | |
|---|---|---|---|---|---|
| 组长 | | 学号 | | | |
| 组员 | 姓名 | 学号 | | 姓名 | 学号 |
| | | | | | |
| | | | | | |
| | | | | | |
| | | | | | |
| 任务分工 | | | | | |

结合数控铣床装配图指数要求，观察教学设备，指出十字滑台进给系统的各部件位置，并完成表 3-3-2。

表 3-3-2　十字滑台进给系统的组成部件

| 部件名称 | 所在位置 | 功能、作用 |
|---|---|---|
| | | |
| | | |
| | | |
| | | |
| | | |

## 四、主要功能部件/机构

直线电动机是一种无须任何中间转换机构即可将电能直接转换为线性运动机械能的传动装置。了解直线电动机的结构，类比旋转电动机，可以认为其是由径向切割并平直化的旋转电动机得到的。直线电动机通过运动的次级在固定的初级上移动，实现工作台运动的功能。因此一般认为，由定子演变而来的一侧称为初级，由转子演变而来的一侧称为次级。初级中通入交流电，通过洛伦兹力效应，次级就在电磁力的作用下沿着初级做直线运动。在初级的多相线圈中通入交流电后，会产生气隙基波磁场，磁通密度波是直线移动的。变化的磁场可以推动次级移动，而且可以控制其移动的速度和距离。

此外，直线电动机根据驱动路径的不同还包括弧形和盘形结构。前者是将扁平形直线电动机的初级沿运动方向改成弧形，并安放于圆柱形次级的柱面外侧；后者是将初级放在次级圆盘接近外缘的平面上，其根据形状而得名。

直线电动机按工作原理可分为直线直流电动机、直线沟通电动机、直线步进电动机、混合式直线电动机和微特直线电动机等。在励磁方式上，直线沟通电动机可以分为永磁式（同步）和感应式（异步）两种。永磁式直线电动机的次级由多块磁钢铺设，其初级是含铁芯的三相绕组。感应式直线电动机的初级和永磁式直线电动机的初级相同，而次级用自行短路的不馈电栅条来替代永磁式直线电动机的磁钢。永磁式直线电动机在单位面积推力、效率、可控性等方面均优于感应式直线电动机，但其成本高，工艺复杂，而且给机床的装置、运用和保护带来不便。感应式直线电动机在不通电时是没有磁性的，因而有利于机床的装置、运用和保护。

快速直线电动机进给系统和高速电主轴是数控机床实现高速切削的两项关键技术。在进给运动方面，直线电动机是除交流/直流伺服电动机外的另一种驱动形式。这里我们以直驱直线（DDL）型电动机为例说明。作为一种采用扁平设计并且与从动负载直接耦合[①]的电动机，由于消除了对机械传动组件的使用，因此具有优良的性能，如较好的刚性、良好的动态速度与加速度、较高的定位精度，并且直线电动机省去了滚珠丝杠螺母副，因此结构紧凑、噪声小、运转顺畅。

直线电动机的结构见表3-3-3。

表3-3-3 直线电动机的结构

| 直线电动机 | |
| --- | --- |

直线电动机与旋转电动机结构对比示意图如图3-3-4所示。

---

① 耦合——两个或两个以上的电路构成一个网络时，若其中某一电路中电流或电压发生变化，则能影响到其他电路也发生类似的变化，这种网络叫作耦合。耦合的作用就是把某一电路的能量输送（或转换）到其他的电路中去。

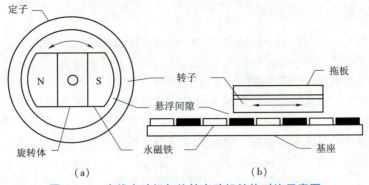

图 3-3-4　直线电动机与旋转电动机结构对比示意图

（a）旋转电动机；（b）线性电动机

- 引导问题

用直线电动机作为进给系统的传动方案有何优点。

_____

_____

_____

_____

查找一款直线电动机的具体型号并给出主要技术参数，见表 3-3-4。

表 3-3-4　进给用直线电动机型号及技术参数

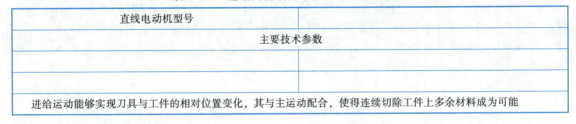

| 直线电动机型号 | |
|---|---|
| 主要技术参数 | |
| | |
| | |
| 进给运动能够实现刀具与工件的相对位置变化，其与主运动配合，使得连续切除工件上多余材料成为可能 | |

### 1. 直线电动机的优点

（1）帮助提升数控设备的进给运动性能。直线电动机将负载与电动机直接耦合，可以提高定位准确性、改进速度调节控制方式、减少能源使用量，这些都有助于提升数控设备的进给性能；系统从根本上消除了由于机械传动系统引入的传动误差，减少了插补时因传动系统滞后产生的跟踪误差；直线电动机驱动系统一般以光栅尺作为位置测量组件，采用闭环控制系统使工作台定位精度高达 0.1~0.01 μm。

（2）动力传输无须机械部件，减少传动链，如联轴器、齿形带等，简化了结构；没有机械接触，传动力是在气隙中产生的，除了导轨外没有其他摩擦，这也省去了润滑系统的配置，提升了进给系统的传动响应速度和定位精度；更少的组件，降低了整体运行成本。

（3）系统避免了启动、变速和换向时因中间传动环节产生的弹性变形、摩擦磨损和反向间隙等运动滞后现象，提高了传动刚度，实现平稳的运动速度和更低的噪声，提高了可靠性。

（4）进给速度快、加减速度大。由于系统的高响应性，其加减速过程大大缩短，以实现启动时瞬间达到高速，高速运行又能瞬间停止，可获得较高的加速度，拓宽了适用范围，适用于任何线性执行器。从另外一个角度来说，直线电动机的次级连续铺在机床床身上，次级铺到哪里，初级/工作台就可以运动到哪里，行程距离理论上不受限制，而且不管有多远，对整个进给系统的刚度几乎都没有任何影响，行程长度不受限制。

（5）易于安装维护。由于部件少，运动时无机械接触，故而大大降低了零部件的磨损，只需要很少甚至无须维护，使用寿命更长。

## 🔍 小提示

"学而不思则罔，思而不学则殆"，知识技能的掌握需要理论联系实际。想要了解关于直线电动机在数控机床中应用的详情，请扫码查阅学习资料。

- ● 引导问题

用直线电动机是否也有缺点。

_____

_____

_____

_____

_____

### 2. 直线电动机的缺点

（1）需要更高级别的防护。因为直线电动机的磁场是开放的，尤其是采用永磁式直线电动机，要在机床床身上安装一排磁力强大的永久磁铁。因此必须采取适当的隔磁措施，否则对其磁场周围的灰尘和切屑有吸收作用，影响正常运行。

（2）需要降低温升，减少热变形。直线电动机安装在工作台和导轨之间，处于机床的腹部，散热条件不好。当采用感应式直线电动机时，发热问题就更加严重。因此必须采取有效的冷却措施，把直线电动机工作时产生的热量迅速带走，否则将会直接影响机床的工作精度，降低直线电动机的推力。采取的措施一般是在初级和次级上加冷却板，工作时在冷却板中通入冷却水，以带走直线电动机内部产生的热量。

- ● 引导问题

结合查找直线电动机型号及技术参数反映出的性能，请同学给出直线电动机选型的依据。

_____

_____

_____

_____

### 3. 直线电动机的选型

选择直线电动机时首先应该根据加工产品评估切削力，查找相应型号的直线电动机推力，确定电动机连续功耗；第二，由于直线电动机的散热对机床性能有一定程度的影响，因此直线电动机的热阻和散热方法也是需要考虑的一个方面；第三，根据机床进给速度的要求，查看与之相关的电气参数；此外，也应该考虑直线电动机的行程、重复定位精度和测试效率等，其中，被认为最能反映线性电动机性能水平的是推力稳定性、电动机常数和热阻。

直线电动机的速度与同步速度有关，同步速度与磁极距离成正比。因此，极距的选择范围决定了运动速度的选择范围。极距过小会降低凹槽的利用率，增加凹槽的抗泄漏性，并降低品质因数，从而降低电动机的效率和功率因数。极距的下限通常为 3 cm；极距没有上限，但是当电动机的输出功率恒定时，初级铁芯的纵向长度会受到限制，并且为了减小纵向边缘效应，电动机的极数不能太小，所以极距不能太大。

在工业应用中，直线电动机是往复运动的。为了获得更高的劳动生产率，需要更高的往复频率。这意味着线性电动机必须在短时间内完成冲程，而在一个冲程中，它必须经历加速和减速的过程，即必须启动一次并制动一次。往复频率越高，线性电动机的加速度越大，对应于该加速度的推力就越大，有时对应于该加速度的推力甚至大于负载所需的推力。推力的增加导致线性电动机的尺寸增加，而质量的增加导致与加速度相对应的推力进一步增加，这不利于直线电动机的使用，因此合适的往复频率是衡量直线电动机性能的一个主要因素。

在许多应用中，当线性电动机就位时，会由于机械限制而停止。为了减小冲击力，可以添加机械缓冲器。在没有机械限制的情况下，更简单的定位方法是在行程就位之前通过行程开关控制对电动机进行反向制动或能量制动，以便在就位时停止。多次停止的位置精度，即重复定位精度也可作为直线电动机选型的重要参数。

不同进给方案的优缺点见表 3-3-5。

表 3-3-5　不同进给方案的优缺点

| 进给方案类型 | 优点 | 缺点 | 适用条件 |
|---|---|---|---|
|  |  |  |  |
|  |  |  |  |
|  |  |  |  |
|  |  |  |  |
|  |  |  |  |
|  |  |  |  |
|  |  |  |  |
|  |  |  |  |

### 4. 导轨滑块副

导轨是由金属或其他材料制成的槽或脊，并可承受、固定、引导移动装置或设备，以减少其摩擦的一种装置，在机床中的作用是作为机床各运动部件相对运动的导向面，保证刀具和工件的相对运动精度；在数控机床中主要用来支承和引导运动部件沿着一定的轨道进行运动，从而保证各部件的相对位置和相对位置精度。导轨的导向精度在很大程度上决定了数控机床的刚度、精度和精度保持性，因此要求导轨具有高的导向精度。

- 引导问题

查找数控铣床中使用的导轨滑块副的常用类型。

_____

_____

_____

_____

_____

_____

常见导轨截面形状见表 3-3-6。

表 3-3-6　常见导轨截面形状

| 类型 | 矩形导轨 | 三角形导轨 | 燕尾形导轨 |
|---|---|---|---|
| 视图 | 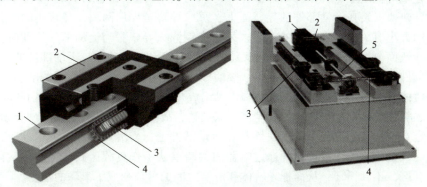 | | |
| 说明 | M 面既起到导向作用，又可以承受负载；J 面防倾覆，N 面作导向用 | 导轨 M 与 N 面兼起导向和支承作用 | M 面起导向和压板作用，J 面为支承面 |

导轨滑块副按照工作类型可以分为滑动导轨、静压导轨和滚动导轨；按照运动部件的运动轨迹来看，机床中有直线导轨和曲线导轨。其相同点是滑块均是在导轨上运动，因此导轨和滑块是任何形式的导轨滑块副中都具有的组成。滚动导轨滑块副在机床中的位置如图 3-3-5。

图 3-3-5　滚动导轨滑块副在机床中的位置

1—LM 轨道；2—LM 滑块；3—滚动体保持架；4—滚柱；<br>5—伺服电动机；6—联轴器；7—滚动导轨；8—润滑油管；9—滚珠丝杠

## 🔍 小提示

"只要功夫深，铁杵磨成针"，学习技能知识需要有持之以恒的精神。扫一扫下方二维码观看导轨滑块副类型介绍微课吧。

数控机床基础件结构与组成

1) 滚动型

滚动导轨滑块副是在导轨与滑块工作面间放入滚动体（滚动体可以是滚珠、滚柱或滚针），实现通过滚动体导引，并由钢珠在滑块与滑轨之间做无限滚动循环，使得负载平台能沿着滑轨运动的导向运动副，其可实现滑块的高精度线性运动。导轨和滑块之间是滚动摩擦，摩擦系数为 0.002 5~0.005，动、静摩擦系数相差很小，几乎不受运动速度变化的影响，运动轻便灵活、定位精度高、精度保持性能好、维修方便、响应快且运行平稳，可以使用油脂润滑。根据滚动体的不同可分为滚动导轨和滚柱导轨。

当滚珠滚动到滑块的端面时，经端盖由滚珠孔返回另一端，从而循环工作。其侧面有密封盖，用来防止灰尘进入导轨内部，并且开设润滑脂注入嘴注入润滑脂。数控铣床工作台布置的4 组滚珠和滚道相当于 4 个直线运动角接触球轴承，接触角为 45°，在 4 个方向上有相同的承载能力。滚珠之间用保持器分隔开，滚柱之间不发生碰撞，降低了导轨副在运行过程中的噪声。通常将降低噪声型直线导轨称为低噪声型直线滚动导轨。

- 引导问题

滚动型导轨滑块副有何特点。

_____

_____

_____

_____

_____

（1）工作原理。

滚动导轨滑块副是一种以滚动体做循环运动的滚动导轨，其结构如图 3-3-6 所示。在使用时，滚动导轨块安装在运动部件的导轨面上，每一导轨至少用两块，导轨块的数目与导轨的长度和负载的大小有关，与之相配的导轨多采用嵌钢淬火导轨。当运动部件移动时，滚动体在支承部件的导轨面与本体之间滚动，同时又绕本体循环滚动，滚动体与运动部件的导轨面不接触，所以运动部件的导轨面无须淬硬和磨光。滚动导轨块的特点是刚度高、承载能力大、便于拆装，主要由导轨体、滑块、滚珠、保持器、端盖等组成。由于它将支承导轨和运动导轨组合在一起，作为独立的标准导轨副部件由专门的生产厂家制造，故又称为单元式直线滚动导轨。在使用时，导轨体固定在不运动的部件上，滑块固定在运动部件上，当滑块沿导轨体运动时，滚珠在导轨和滑块之间的圆弧直槽内滚动，并通过端盖内的暗道从工作负载区到非工作负载区，然后再滚回工作负载区，不断循环，从而把导轨体和滑块之间的滑动变成了滚珠的滚动。

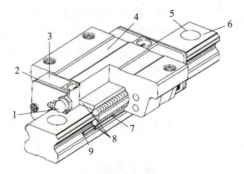

图 3-3-6 滚动导轨滑块副结构

1—润滑油嘴；2—刮油扳；3—端盖；4—滑动；
5—螺栓盖；6—导轨；7—滚珠；8—保持架；9—压板

（2）特点。

它的特点是摩擦系数小，摩擦系数一般为 0.002 5~0.005，动、静摩擦系数基本相同，启动阻力小，不易产生冲击，低速运动稳定性好；定位精度高，运动平稳，微量移动准确；磨损小，精度保持性好，寿命长；但是抗振性差，防护要求较高；结构复杂，制造较困难，成本较高。现代数控机床常采用的滚动导轨有滚动导轨块和直线滚动导轨两种。

- **学生任务**

查找一款滚动型导轨滑块副，给出具体型号并指出结构组成和主要技术参数。

_____

_____

_____

_____

2）直线滚动导轨副

具有代表性的是直线滚动导轨，其主要由导轨、滑块、滚珠、保持器、端盖组成，如图 3-3-7 所示。该类型导轨滑块副将支承导轨和运动导轨组合在一起，作为独立的标准导轨副部件由专门的生产厂家制造，因此又称为单元式直线滚动导轨。在使用时，导轨体固定在不运动的部件上，滑块固定在运动部件上。当滑块沿导轨运动时，滚珠在导轨体和滑块之间的圆弧直槽内滚动，并通过端盖内的暗道从工作负载区到非工作负载区，然后再滚回到工作负载区，不断循环，从而把导轨和滑块之间的滑动变成了滚珠的滚动。

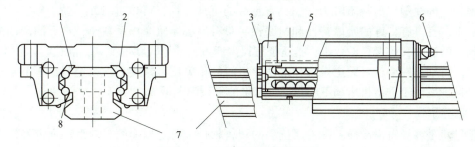

**图 3-3-7　直线滚动导轨的结构**

1—导轨；2—侧面密封垫；3—保持器；4—滚珠；5—端部密封垫；6—端盖；7—滑块；8—润滑油杯

直线滚动导轨副按导轨与滑块的关系分为整体型和分离型。对于分离型导轨副在实际中可以任意调整导轨滑块之间的预加载荷，提高系统的刚度或者运动的平稳性，而且导轨副高度很低，可以在很狭小的空间实现精密直线导向运动。导轨副按照内部是否带有球保持器，分为普通型和低噪声型直线滚动导轨，因为带球保持器使得滚珠与保持器之间形成了油膜接触，避免了滚柱之间的摩擦，使导轨副在运行时发热量大大降低，运行稳定，也实现了导轨的高速、高精度运动。

- **学生任务**

查找一款直线型滚动导轨滑块副，给出具体型号并指出结构组成和主要技术参数。

_____

_____

_____

_____

_____

### 3）滑动型

带有塑料层的滑动导轨具有摩擦系数低，动、静摩擦系数差值小，减振性好，且具有良好的阻尼性。此外，塑料良好的耐磨性及自润滑作用，使得滑动型导轨滑块副的结构简单、维修方便、成本低。根据加工工艺不同，滑动导轨又可分为注塑导轨和贴塑导轨。

- **学生任务**

小组讨论并查找技术资料，给出滑动型导轨滑块副的种类，并分别指出不同种类的特点，见表3-3-7。

表3-3-7　滑动型导轨滑块副的种类

| 类型 | 特点 | 组成 | 适用条件 |
| --- | --- | --- | --- |
|  |  |  |  |
|  |  |  |  |
|  |  |  |  |
|  |  |  |  |
|  |  |  |  |
|  |  |  |  |

### 4）注塑导轨

注塑导轨的注塑层塑料附着力强，具有良好的可加工性，可以进行车、铣、刨、钻、磨削和刮削加工，且具有良好的摩擦特性和耐磨性，塑料涂层导轨摩擦系数小，在无润滑油的情况下仍有较好的润滑和防爬行的效果；抗压强度比聚四氟乙烯导轨软带要高，固化时体积不收缩，尺寸稳定。特别是在调整好固定导轨和运动导轨间的相关位置精度后注入塑料，可节省很多加工工时，特别适用于重型机床和不能用导轨软带的复杂配合型面。

### 5）贴塑导轨

贴塑导轨是在导轨滑动面上贴一层抗磨的塑料软带，与之相配的导轨滑动面需经淬火和磨削加工。软带以聚四氟乙烯为基材，添加合金粉和氧化物制成。塑料软带可切成任意大小和形状，用胶黏剂粘接在导轨基面上。由于这类导轨软带用粘接方法，故称为贴塑导轨。

### 6）静压导轨

按供油方式的差异可分为恒压供油和恒流供油两类。静压导轨是压力油通过节流器进入到两个相对运动的导轨面之间形成了油膜，将运动件浮起，使导轨面间处于纯液体摩擦状态，不产生磨损，精度保持性好，即使在低速时也不容易产生爬行现象，但是需要保证润滑油路的良好密封性。

液体静压导轨的结构形式可以分为开式和闭式两种。对于闭式液体静压导轨，其导轨的各个方向及导轨面上均有开油腔，所以闭式导轨具有承受各方向载荷的能力，能承受较大的颠覆力矩，导轨刚度也较高，其导轨保持平衡性较好；开式静压导轨只能承受垂直方向的负载，承受颠覆力矩的能力差。

静压导轨滑块副的特点是摩擦系数低（一般为$0.005 \sim 0.001$），低速时不易产生爬行；承载能力大；刚性好，承载油膜有良好的吸振作用，抗振性好；但是其结构复杂，需配置一套专门的供油系统，且制造成本较高。

在工作过程中，导轨面上的油腔油压是随外加载荷的变化而自动调节的，因此它的摩擦性能良好，摩擦因素与速度是线性的关系，变化很小，启动摩擦因数可以小至$0.0005$，它有很强的吸振性，可以应用在高精度、高效率的大型重型数控机床上，比如大型立式车床的滑枕，因其悬臂结构，重切削时滑枕变形量较大，会导致滑枕和导轨面发生刚性接触而产生磨损，降低加工精度和寿命。采用静压导轨可以减小滑枕摩擦，避免跳动，提高系统减振特性，延长刀具寿命，并且静压导轨滑块副的流量控制器可以提高静压系统的刚度，降低其发热量，减少温度引起的变形。

数控铣床的润滑系统如图 3-3-8 所示。

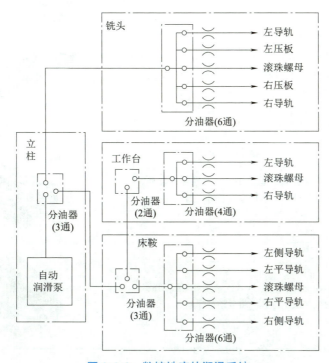

图 3-3-8　数控铣床的润滑系统

● 学生任务

阐述静压导轨润滑系统的日常及一级保养与维护各需要注意哪些事项。

_____

_____

_____

_____

_____

_____

### 7）气浮导轨

除液体静压导轨外，还有气体静压导轨，又称气垫导轨、气浮导轨，它是基于气体动静压效应，实现无摩擦和无振动的平滑移动；通过高压气体实现滑块浮于导轨表面，避免导轨滑块副接触面的摩擦，具有运动精度高、清洁无污染等特点。因其误差均化作用，故可用比较低的制造精度来获得较高的导向精度，通常与伺服驱动和传感器组成闭环系统，实现高精度位移定位。气浮导轨在测量仪器、精密机械中得到了广泛的应用，其摩擦因数比液体静压导轨还要小。

导轨滑块副的选型见表 3-3-8。

表 3-3-8  导轨滑块副的选型

| 类型 | 适用场景及特点 | |
|---|---|---|
| 滚动导轨 | 小型机床；摩擦力小，速度快，刚性不及滑动导轨 | 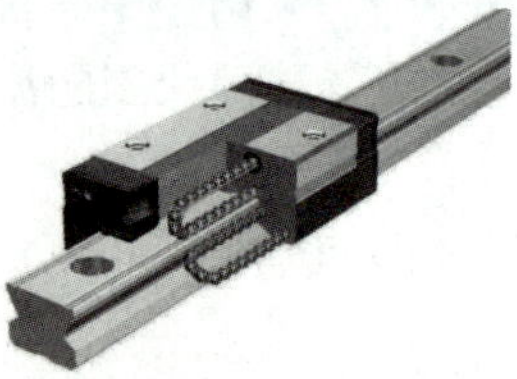 |
| 气浮导轨 | 基于气体动静压效应，实现无摩擦和无振动的平滑移动 |  |
| 滑动导轨 | 动、静摩擦系数差值小，减振性好，且具有良好的阻尼性、耐磨性及自润滑作用 |  |
| 静压导轨 | 压力油通过节流器进入到两个相对运动的导轨面之间形成了油膜，将运动件浮起 | 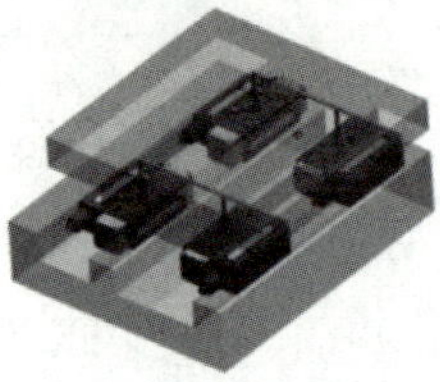 |

● 学生任务

归纳总结导轨滑块副的类型、特点及适用范围，见表 3-3-9。

表 3-3-9  滑动型导轨滑块副的类型

| 类型 | 结构 | 工作原理 | 适用条件 |
|---|---|---|---|
|  |  |  |  |
|  |  |  |  |
|  |  |  |  |
|  |  |  |  |
|  |  |  |  |
|  |  |  |  |

（1）性能。

①导向精度是指机床的运动部件沿着导轨运动的轨迹，与机床相关基准面之间相互位置的准确性。作为导向机构，导轨的制造精度、结构形式、装配质量，导轨及其支撑架的刚度、热变形、磨耐磨性、耐磨性等会直接影响机床的加工精度以及精度保持性。

因此在选材热处理以及加工工艺方法上，都需要考虑耐磨性、刚度。高的刚度意味着在受力后变形会更小地影响运动部件之间的相对位置和导向精度，满足在受力后不产生过大的变形要求。

②良好的摩擦特性。通过润滑可以减小摩擦阻力和降低摩擦热减小导轨的热变形。此外，动静摩擦因数应尽量相等，以保持运动平稳。在运动过程中，即便在低速状态下也没有爬行状况出现，这就要求导轨的材料主要选用灰口铸铁或者用淬硬钢制成的"镶钢导轨"，它的耐磨性比铸铁导轨高5～10倍。在技术不断发展的今天塑料导轨逐渐被采用。摩擦作为导轨磨损的一个因素，应该考虑导轨磨损后是否容易调整，优先选用具有良好结构工艺性的导轨。

### 🔍 小提示

"博闻强识"，学习技能要回到实践中去。扫一扫下方二维码查看进给系统传动中出现的爬行故障，思考出现故障的原因。

• 学生任务

查找引起爬行故障的原因及应对措施。

_____

_____

_____

_____

_____

（2）选型。

对于 Z 向进给系统的导轨选用，因为主轴系统直接承受加工切削力，同时主轴箱及主轴等部件自身重力较大，因此需要 Z 向进给系统的刚性要高，不宜选用滚动导轨，应该以滑动导轨为宜。

在不明确指定时，厂家一般选配机床 H 级（high 高级）导轨，但是 P 级（精密级）导轨的质量精度会更好。此外，导轨的截面形状有"工"字形、燕尾形、三角形、梯形等，考虑到承载及运行的稳定性，导轨的宽度越宽其刚性就越好；如果是滚动导轨，则更大的滑块会配合较大的滚动体，这样也就增加了滚动体与导轨的接触面，传动更加平稳，刚性也会提高；布置在机床中的两条导轨间距越大，意味着床身越宽，也就增加了工作范围。

• 引导问题

进给系统应如何养护。

_____

_____

_____

_____

无论是滑动导轨还是滚动导轨都需要定期润滑，用润滑油或者润滑脂润滑，可以降低摩擦系数、减少磨损，同时也可以防止导轨面锈蚀。目前数控机床大多采用自动润滑方式，设置专门的润滑系统，通过润滑泵强制、定期地给导轨供给压力油进行润滑。此外，导轨滑块副的内环境需要防护，防止切屑、切削液、灰尘等异物的污染，这需要根据具体的工作环境安装防护罩。常用的导轨防护罩有刮板式、卷帘式、风琴式及层叠式。在机床使用及养护过程中要注意导轨防护罩不能碰撞，更不能踩踏。

丝杠螺母副防护罩的类型见表 3-3-10。

表 3-3-10　丝杠螺母副防护罩的类型

| 刮板式 | 卷帘式 | 风琴式 |
|---|---|---|
|  | | |

● 引导问题

进给执行系统的传动链存在哪些传动误差？

_____

_____

_____

_____

_____

### 5. 滚珠丝杠螺母副

#### 1）传动精度保障

前面的任务中我们了解到滚珠丝杠螺母副是一种在丝杠与螺母间装有滚珠作为中间元件的丝杠副，可以作为进给系统的执行机构，具有传动效率高、摩擦损失小、运动平稳、无爬行、传动精度高、磨损小、精度保持性好、使用寿命长和运动具有可逆性等特点。进给系统是电动机通过联轴器直接与丝杠连接，是由联轴器将两轴轴向连接起来并传递扭矩及运动的部件，且具有一定的补偿两轴偏移的能力。为了减少机械传动系统的振动、降低冲击尖峰载荷，联轴器还应具有一定的缓冲减振性能。联轴器有时也兼有过载安全保护作用。

滚珠丝杠螺母副作为进给执行系统，广泛应用于数控机床中，因为高的精度要求对其装配和调试的要求也很高，其中传动间隙对传动精度影响很大，尤其是在变换传动方向时，出现的反向传动间隙将严重影响定位精度。造成该现象的原因有多种，见表 3-3-11。

表 3-3-11　滚珠丝杠螺母副传动间隙成因

| 原因 | 故障现象 | 措施 |
|---|---|---|
| 压力或预压不足 | 无预压丝杠将会有相当大的间隙，因此只能在阻力较小的机器上使用 | 应确定正确的预压量 |
| 扭转位移过度 | 丝杠细长比应小于 60，否则丝杠会在自重作用下下垂 | 应正确使用热处理工艺，保证硬化层厚度 |

● 引导问题

阐述反向传动间隙是如何形成的，应该如何消除。

_____

_____

_____

滚珠丝杠的传动间隙是轴向间隙，其数值是指丝杠和螺母无相对转动时，丝杠与螺母之间的最大轴向窜动量，除了结构本身的游隙之外，还包括施加轴向载荷后产生的弹性变形所造成的轴向窜动量，或者因为磨损造成的影响。间隙对于传动精度的影响可以通过图3-3-9所示的示意图说明。首先在理想状态下，滚珠填满整个滚道，二者没有间隙；当预紧力不足或者磨损严重时出现间隙，在静止的状态下滚珠在自身重力的作用下处于滚道的中间位置，这样滚珠和滚道的侧面就会出现间隙，这会直接反映在传动精度上；在传动过程中，因为刚性物体的传动需要力的传递，因此需要丝杠、滚珠、螺母相接触，填补存在的空隙后螺母才能在丝杠的转动下被带动，产生进给运动，而在运动之前，伺服电动机带动丝杠空转，计数器反映出来的数据与实际进给距离不一致，两者的数值差就是反向传动间隙，即2δ，如图3-3-9所示。

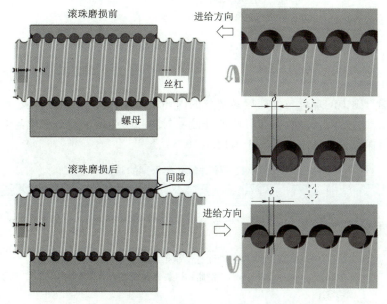

图 3-3-9　反向传动间隙影响示意图

滚珠传动力学分析如图3-3-10所示。

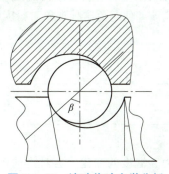

图 3-3-10　滚珠传动力学分析

　　通常采用预加载荷，即预紧的方法来减小弹性变形所带来的丝杠螺母副轴向间隙，以保证反向传动精度和轴向刚度。需要注意的是，过大的预紧力会增大摩擦阻力，降低传动效率，缩短使用寿命。因此，一般需要经过多次调整，以保证既能消除间隙又能灵活运转。新购买的滚珠丝杠螺母副在出厂时，生产厂家已经施加过预载荷，用户不需要再进行调整，在使用一段时间需要保养时，可以根据滚珠丝杠螺母副的类型差异化地调整间隙，比如双螺母型通常采用垫片调隙法、螺纹调隙法、齿差调隙法；单螺母型通常采用变位螺距和单螺母螺钉预紧。

- 学生任务

如图 3-3-11 所示，阐述反向传动间隙的消隙方法。

图 3-3-11　反向传动间隙消隙

2）丝杠的防护

滚珠丝杠螺母副中的螺母与丝杠接触部分的内环境需要保护，防止废屑、冷却液等异物进入，避免阻碍正常的运转，一般在螺母两端开设密封圈和防尘圈。此外，也需要操作人员定期对其进行维护与保养，具体内容见表 3-3-12。

表 3-3-12　滚珠丝杠螺母副的防护

| 项目 | 检查内容 | 措施 |
| --- | --- | --- |
| 定期检查支承轴承 | 定期检查丝杠与固定件的连接是否有松动以及支承轴承是否损坏 | 及时紧固松动部位并更换支承轴承 |
| 润滑和防护 | 滚珠丝杠螺母副的螺母上设计有注油孔，要定期给滚珠丝杠螺母副注入润滑油或润滑脂，以提高其耐磨性及传动效率 | 用防护罩、防护套等保护 |

- 引导问题

丝杠在加工及使用中会因为加工误差和应力变形而造成螺距不等的现象，这会影响进给系统的传动精度。请阐述操作人员应该如何避免这种现象对精度的影响。

_____

_____

_____

_____

_____

### 6. 螺距误差的测量

由于数控铣床在加工中会有力和温度的变化，会对传动系统的零件产生热力耦合影响，直接影响加工设备的精度及加工条件的变化，影响螺距误差，故需要对该误差进行补偿，保证传动系统的定位精度和重复定位精度；对于全闭环控制系统，由于其控制精度高，螺距误差对传动系统的精度影响小，如果进行螺距误差补偿，则可以提高控制系统的动态特性。

螺距误差补偿分为实时动态补偿和静态均化补偿两种方式。前者也称为在线补偿，即通过借助机床配置的实时位置检测系统测得补偿数值，并控制机床运动轴定向，以显著提高机床的定位精度，但对机床系统要求较高，成本也较高。静态均化补偿则是先将螺距误差的补偿值存储在数控系统参数表中，待补偿值生效后，数控系统自动将目标位置的补偿值叠加到插补指令上，均化误差，达到补偿的目的，它是一种主要的补偿方法。

数控铣床螺距误差的测量与补偿主要有两种方式，即手动与自动测量和补偿。手动测量与补偿借助步距规（节距规/阶梯规）与千分表进行测量，然后将检测的计算值输入数控系统的参数中，原理类似于螺距测量，比如螺距可以使用螺纹规或者卡尺进行测量，但是使用卡尺测量螺距，产生的误差会比较大，为了防止这种情况的出现，可以使用卡尺同时测量 50 个螺距，再用测量出的螺距总和除以 50，便可得一个螺纹的螺距。但是这种测量方式不容易实施，且效率低。所以目前主要以自动测量方式为主，一般采用激光干涉仪与补偿软件对机床轴线进行检测与自动补偿，如图 3-3-12 所示。

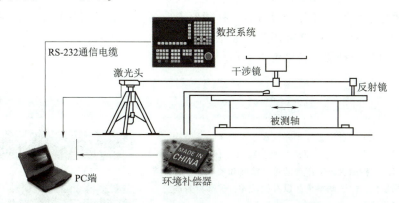

**图 3-3-12　激光干涉仪螺距误差测量原理示意图**

激光干涉仪有单频和双频两种类型。以单频为例，它的工作原理是从激光器发出的光束经扩束准直后由分光镜分为两路，并分别从固定反射镜和可动反射镜反射回来汇合在分光镜上而产生干涉条纹。当可动反射镜移动时，干涉条纹的光强变化由接收器中的光电转换元件和电子线路等转换为电脉冲信号，经整形、放大后输入可逆计数器计算出总脉冲数，再由电子计算机计算出可动反射镜的位移量。在使用单频激光干涉仪时，需要注意周围大气应处于稳定状态，空气湍流会引起直流电平变化从而影响测量结果。

- **学生任务**

阐述螺距误差的检测方法及使用仪器，并设计误差检测方案。

_____

_____

_____

_____

螺距误差补偿操作步骤如下：

（1）备份 NC 中原螺距误差补偿数据文件，以供补偿前后对比分析。

（2）清除原补偿数据（包括反向差值与各设定点螺距误差补偿值），生成 NC 运行程序，并传入 NC 中。

（3）测量设定点的定位误差。

（4）按指定间距生成新的补偿数据文件，并传入 NC 中。

（5）比较补偿前、后的测量数据与机床性能。如果机床未配置自动补偿软件，则必须记录补偿前的补偿数据，并将生成的补偿数据手动输入 NC 参数中。

采用补偿功能的数控机床的传动机构一般均为滚珠丝杠螺母副。首先应该检验机床部件的几何精度，在确认其几何精度满足要求后应该对机床轴线的反向传动误差与滚珠丝杠螺距误差进行检测，必要时进行补偿。两者作为影响机床定位精度与重复定位精度的主要因素，进行误差补偿能更有效地提高机床精度。在数控系统中也有对应这两个专门的补偿参量设置项，其补偿功能也是数控系统的基本控制功能。

1）螺距误差补偿

普通数控机床的进给传动系统主要包括线性轴进给传动和旋转轴进给传动两种方式，在机床的几何精度（床身水平、平行度和垂直度等）调整完成后，应该进行螺距误差补偿，它主要是对数控机床各进给轴的滚珠丝杠在传动过程中产生的误差进行补偿，可以实现对直线轴和旋转工作台定位精度的补偿；螺距误差补偿主要包含的参数有螺距误差补偿点数、补偿间隔、轴线负端最远补偿点位置（机床坐标系）、轴线正端最远补偿点位置（机床坐标系）、补偿点的补偿值和轴线的补偿点间距。在补偿设置时，补偿原点取各坐标轴的机床原点，以原点为中心设定补偿点，补偿间隔相等，并在补偿点进行补偿。

螺距误差的测量与补偿工具见表3-3-13。

表 3-3-13　螺距误差的测量与补偿工具

| 工具名称 | 作用 | 实物 |
| --- | --- | --- |
| 步距规 | 由精密的量块直线排列，永久固定于一个坚固的框架中，框架表面进行喷塑或镀层保护处理，可用于检测机床工作台的移动精度和校准三坐标测量机，便于调整机床以补偿误差，提高设备的定位精度 | |
| 激光干涉仪 | 作为一个测量系统，需要配合各种折射镜、反射镜等来做线性位置、速度、角度、真平度、真直度、平行度和垂直度等测量工作。它发射已知波长的激光，利用迈克耳逊干涉原理测量位移的通用长度，可应用于精密工具机或测量仪器的校正工作中 | |
| 分光镜 | 分光镜是利用同一媒质对不同波长的光具有不同的折射率原理工作的。折射率一般会随波长的减小而增大，即红光的折射率最小、紫光的折射率最大 | |

2）反向间隙补偿

因为丝杠和螺母之间存在一定的间隙，所以在正转后变换成反转时，在一定的角度内，尽管丝杠转动，但是螺母还要等间隙消除以后才能带动工作台运动，这个间隙就是反向间隙，它反映在丝杠的旋转角度上。

在数控机床进给传动链的各环节中，如齿轮传动、滚珠丝杠螺母副等都存在着反向间隙。反向间隙是影响机械加工精度的因素之一，当数控机床工作台在其运动方向上换向时，由于反向间隙的存在会导致伺服电动机空转而工作台无实际移动，故称为失动。若反向间隙数值较小，则对加工精度影响不大；若数值较大，则系统的稳定性明显下降，加工精度明显降低，尤其是曲线加工，会影响到尺寸公差和曲线的一致性，此时必须进行反向间隙的消除或是补偿，以提高加工精度。

利用机床数控系统提供的反向间隙补偿功能，可以补偿机床传动链误差，并能在一定范围内补偿反向间隙，但不能从根本上完全消除反向间隙。这是因为滚珠丝杠的任何一个位置既有螺距误差又有反向间隙，而且每个位置的反向间隙各不相同，一般采用激光干涉仪进行多点测量，所选取的测量点要基本反映丝杠的全程情况，然后取各点反向间隙的平均值，作为反向间隙的补偿值。

在数控机床的进给传动系统中，构成传动链的齿轮、滚珠丝杠及螺母副等均存在反向传动间隙，也就是说伺服电动机在初始反向运动的瞬间是空转，工作台不产生实际位移。对于采用半闭环伺服系统的数控机床，反向间隙会影响到机床的定位精度和重复定位精度，从而影响到产品的精度，因此需要通过补偿的方式消除反向间隙的影响。对于在加工过程中存在的有规律的误差，可以通过数控系统补偿参数设置实现自动补偿，以提高零件的加工精度。但是随着数控机床使用时间的增长，或者在加工中因为切削参数设置不当产生撞击的情况，反向间隙还会因磨损、撞击造成运动副间隙的进一步增加，因此需定期对数控机床各坐标轴的反向间隙进行测定和补偿。

反向间隙补偿值的正负与测量元件的安装位置有关。以脉冲编码器测量元件为例，如果编码器的运动早于工作台运动，系统在反向时，编码器的实际值在工作台实际值的前面出现，也就是编码器已经向系统发出了移动脉冲，工作台可能还没有移动，这样通过编码器获得的位置将大于工作台移动的实际位置，在这种情况下就必须输入正的补偿值。如果工作台运动早于编码器的运动，系统在反向时，工作台已经产生了移动，编码器可能还没有向系统发出移动脉冲，这样通过编码器获得的位置将小于工作台移动的实际位置，在这种情况下就必须输入负的补偿值。

- **引导问题**

请思考，除了以上传动误差对进给精度的影响外，是否还存在其他传动误差。

_____

_____

_____

_____

## 3）热补偿热

热补偿是由于机床运动导致的温度变化或环境温度变化而引起的热变形误差量而进行的补偿。这种补偿方式可以通过安装在机床不同部位的温度传感器将温度信息发送到温度测量装置，根据传感器接收到的信息和机床的运行状态，结合预先设定好的热变形误差补偿模型，计算出当前的热变形量，并根据这一数据对各轴的位置输出量进行补偿。温度测量装置一般安装在各进给轴传动机构的附近、主轴箱体附近及机床不移动部件上，如床身、立柱。由于机床的结构不一样，故不同数控机床的变形量和温度变化之间的模型也不相同，目前主流方法是通过三位数字化模型结合热力学仿真软件（如 abaqus、anasys、matlab 等工程仿真软件）进行计算，是在不同温度下对机床各进给轴的定位误差进行测量，建立机床受热后的温度变化、环境温度变化和各轴定位误差之间的模型，并建立温度与热变形的数据量关系式。利用实时采集的温度及根据已建立的模型，数控系统可以计算出瞬时的热变形误差量，并利用补偿值（热变形误差量的相反数）对机床的各轴位移进行补偿。

"天行健，君子以自强不息"，科学技术作为第一生产力的今天，其可提高我国工程计算软件的竞争力，也是实现国有智能制造水平快速发展的关键。观察机床热变形的分析请扫码查看学习资料。

**数控铣床床身仿真搭建**

● 引导问题

根据传动系统存在的误差及特点，机床交付检验时应该如何检测各类误差并进行补偿。

_____

_____

_____

_____

_____

### 7. 进给系统的定位精度与重复定位精度

数控铣床的定位精度是指机床的移动部件如工作台在调整或加工过程中，根据数控系统发出的指令信号，由传动系统驱动，沿某一坐标轴方向向目标位置移动完成后，实际位置与给定位置的接近程度，差距越小，说明精度越高，这是保证零件加工精度的前提条件。

重复定位精度是指数控机床上反复运行同一程序代码所得到的位置精度的一致程度。对于某一目标位置，当给定指令使移动部件移动时，其实际到达的位置与目标位置之间总会存在误差，多次定位该位置时，每一次的误差值不可能完全一致，涉及多次定位的精度问题。同样的，误差值越小，说明表示重复定位的精度越高。

数控铣床/加工中心的定位精度和重复定位精度主要是由数控系统和生产厂家在生产制造以及机床调试后综合影响的，两者都会随着机床的使用发生变化，因此需要在使用过程中定期检测。需要注意的是衡量定位精度与重复定位精度不能只看数值，因为相同的数值、不同的执行标准，精度也会不同，例如：德国 VDI 标准计算方法比日本的 JIS 标准严格，因此尽管看起来数值偏大，但实际精度还可能更高。此外还要明确测量时的机床状态，比如是空载还是重载状态，以便能够更具体、更明确地了解机床的性能。

● 引导问题

数控铣床进给系统安装时，是否能够任意搭配三个进给伺服电动机？为什么？

_____

_____

_____

_____

### 8. Z 向进给系统的制动

滚珠丝杠螺母副的传动效率高，但是无自锁作用，进给系统处于非水平状态时需要考虑制动，特别是滚珠丝杠处于垂直状态时，应防止因自重而出现定位不准。图 3-3-13 所示为立式数控铣床 Z 向进给系统示意图。当机床正常运转时，电磁铁线圈通电吸住弹簧，打开摩擦离合器，步进电动机接受控制系统的指令脉冲后，通过液压转矩放大器及减速齿轮，带动滚珠丝杠转动，主轴箱纵向移动；当伺服电动机停止时，电磁铁线圈同时断电，在弹簧作用下摩擦离合器压紧，限制滚珠丝杠转动，这样主轴箱就不会因自重而下沉，这就是 Z 向进给系统制动机构的原理。此外，可以选用具有抱闸功能的伺服电动机，由于伺服电动机本身的制动功能，故也能达到锁紧的效果。

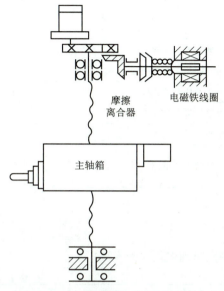

图 3-3-13　Z 向进给系统的制动控制

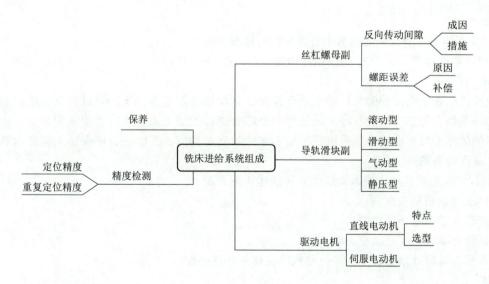

• 学习任务小结

新知识记录：＿＿＿＿＿＿＿＿＿＿＿＿＿＿＿＿＿＿＿＿＿＿＿＿＿＿＿＿＿＿＿＿＿

新技能记录：＿＿＿＿＿＿＿＿＿＿＿＿＿＿＿＿＿＿＿＿＿＿＿＿＿＿＿＿＿＿＿＿＿

小组协作体会：＿＿＿＿＿＿＿＿＿＿＿＿＿＿＿＿＿＿＿＿＿＿＿＿＿＿＿＿＿＿＿＿

## 任务评价

任务综合目标评价表见表3-3-14。

表3-3-14 任务综合目标评价表

| 班级 | | | 姓名 | | | 学号 | | |
|---|---|---|---|---|---|---|---|---|
| 序号 | 评价内容 | 具体要求 | | | | 完成情况 | | 成绩 |
| 1 | 知识目标（40%） | 掌握数控铣床进给系统的组成 | | | | 优□ 良□ 中□ 差□ | | |
| 1 | 知识目标（40%） | 掌握反向传动间隙误差的成因 | | | | 优□ 良□ 中□ 差□ | | |
| 2 | 能力目标（40%） | 能够辨识导轨滑块副的类型 | | | | 优□ 良□ 中□ 差□ | | |
| 2 | 能力目标（40%） | 具备滚珠丝杠螺母副的养护能力 | | | | 优□ 良□ 中□ 差□ | | |
| 2 | 能力目标（40%） | 能够消除机械传动间隙 | | | | 优□ 良□ 中□ 差□ | | |
| 3 | 素质目标（20%） | 体验精益求精的工匠精神 | | | | 优□ 良□ 中□ 差□ | | |

## 任务拓展

分析滚珠丝杠螺母副的轴向窜动误差检测方法。

_____

_____

_____

_____

## 课后测试与习题

1. 数控铣床的十字滑台精度检测中需要进行的检测包括（     ）。

    A. 回转精度检测　　　　B. 切削精度检测　　　　C. 垂直度检测　　　　D. 平行度检测

    **答案：** D

    数控机床切削精度检验又称动态精度检验，是在切削加工条件下，对机床几何精度和定位精度的一项综合考核。一般数控车床是对一个综合试件的加工质量进行切削精度评价，机床质量好坏的最终考核标准还是要看该机床加工零件的质量如何，主要分为单项加工精度检验和综合加工精度检验两种。

2. 下列对伺服电动机和步进电动机的差异描述正确的是（     ）。

    A. 伺服电动机精度更高

    B. 伺服电动机是开环操控

    C. 伺服电动机响应速度更灵敏

    D. 都是将电脉冲信号转变为角位移或线位移的开环操控

    **答案：** C

3. 下列对直流伺服电动机和交流伺服电动机的描述正确的是（     ）。

    A. 在结构上相似

    B. 直流伺服电动机控制原理简单

    C. 交流伺服电动机在整个速度内都可以实现平滑控制

    D. 交流伺服电动机无电刷，可以应用在矿山机电中

**答案：** BC

4. 根据不同的工作情况，联轴器需具备的性能包括（　　）。

A. 可移性　　　　　　 B. 缓冲性　　　　　　 C. 可靠性　　　　　　 D. 操作便捷性

**答案：** ABCD

5. 联轴器选型时需要考虑的因素包括（　　）。

A. 传递转矩的大小　　 B. 尺寸　　　　　　 C. 润滑与密封条件　 D. 装配误差

**答案：** ABCD

选择联轴器类型时，应该考虑以下几项：

（1）所需传递转矩的大小和性质，对缓冲、减振功能的要求以及是否可能发生共振等。

（2）由制造和装配误差、轴受载和热膨胀变形以及部件之间的相对运动等引起两轴轴线的相对位移程度。

（3）许用的外形尺寸和安装方法，为了便于装配、调整和维修所必需的操作空间。对于大型的联轴器，应能在轴不需要做轴向移动的条件下实现拆装。

此外，还应考虑工作环境、使用寿命以及润滑、密封和经济性等条件，再参考各类联轴器的特性，选择一种合用的联轴器类型。

（1）可移性。联轴器的可移性是指补偿两回转构件相对位移的能力。被连接构件间的制造和安装误差、运转中的温度变化和受载变形等因素，都对可移性提出了要求。可移性能补偿或缓解由于回转构件间相对位移造成的轴、轴承、联轴器及其他零部件之间的附加载荷。

（2）缓冲性。对于经常负载启动或工作载荷变化的场合，联轴器中需具有起缓冲、减振作用的弹性元件，以保护原动机和工作机少受或不受损伤。

（3）安全、可靠，具有足够的强度和使用寿命。

（4）结构简单，装拆、维护方便。

6. 下列关于滚珠丝杠螺母副的结构特点论述错误的是（　　）。

A. 摩擦因数小　　　　　　　　　　 B. 可预紧消隙

C. 运动平稳较差　　　　　　　　　 D. 运动具有反向间隙

**答案：** C

7. 滚珠丝杠螺母副的传动优点包括（　　）。

A. 传动效率高　　　　　　　　　　 B. 定位精度和重复定位精度高

C. 使用寿命长　　　　　　　　　　 D. 刚度高

**答案：** ABCD

8. 滚珠丝杠螺母副是进给系统中的（　　）。

A. 导向机构　　　　　　　　　　　 B. 执行机构

C. 精度检测装置　　　　　　　　　 D. 限位机构

**答案：** B

9. 导轨滑块副的组成除了滑块、导轨外，还应该包括（　　）。

A. 油腔　　　　　 B. 滚动体　　　　　 C. 密封端盖　　　　　 D. 刮板

**答案：** CD

10. 电动机通过联轴器直接与丝杠连接，通常是电动机轴与丝杠之间采用锥环无键连接或高精度十字联轴器连接，从而使进给传动系统具有较高的（　　）和传动刚度，并大大简化了机械结构。

A. 传动频率　　　 B. 运行速度　　　　 C. 传动位置　　　　 D. 传动精度

**答案：** D

## 任务 3.4　数控铣床检测反馈元件的选用

任务描述

　　观察某型数控机床在加工中的 CRT 加工数据，发现主轴转速屏幕示数存在大幅度的振动，与机床实际运行状态不匹配，停车后检查加工零件，未发现加工区域存在表面质量问题，需要检查机床，确定故障点并修复后投入生产。

- 知识目标
（1）掌握编码器的结构及工作原理。
（2）掌握光栅尺的结构及工作原理。
- 能力目标
（1）能够辨识数控机床的检测反馈元件。
（2）具备数控机床检测反馈元件的维护与养护意识。
- 素质目标
体验精益求精的工匠精神。

**高速计数器**

任务实施

　　数控铣床加工螺纹，按照加工工艺执行，数控机床是逐层切削，多次在工件同一位置切入，保证螺纹不乱齿；同时在转速和进给配合下，加工出的螺纹导程一致。这涉及数控机床的检测反馈装置，控制执行元件完成加工任务。结合本课程的学习目标，本次任务的主要内容如下：
（1）掌握数控铣床进给系统的组成。
（2）掌握反向传动间隙误差的成因。
（3）能够辨识导轨滑块副的类型。
（4）具备滚珠丝杠螺母副的养护能力。
（5）能够消除机械传动间隙。
（6）体验精益求精的工匠精神。

- 引导问题
立式数控铣床分层切削螺纹时，如何保证切入位置恒定。

_____

_____

_____

_____

### 一、编码器

　　编码器又称为编码盘、码盘，它是一种旋转式测量元件，用于检测旋转计数。编码器把角位移或直线位移转换成电信号，前者称为码盘，后者称为码尺。编码器是一种将旋转位移转换成一串数字脉冲信号的旋转式传感器，这些脉冲能用来控制角位移，也可用于测量直线位移。

　　按照编码器安装位置的不同，可以将传动系统分为半闭环和闭环控制两种类型。前者安装在伺服电动机的非输出轴端，也称为内装式编码器；后者安装在传动链末端，是外置式编码器。

需要注意的是光电编码器的安装，应保证连接部位可靠、不松动，否则会影响位置精度，使进给运动不稳定，并使机床产生振动。

此外，按照编码器工作原理的不同，又可以分为增量式编码器和绝对式编码器。增量式光电编码器因其测得的角度值都是相对于上一次数值的增量而得名，它输出的信号是脉冲信号，通过计量脉冲的数目和频率，可以测出被测轴的转角和转速；与增量式编码器不同，绝对式编码器每一个位置绝对唯一，可以在每次断电后记录下当前位置，再次通电不丢失信息。由上述可以看出，编码器的精度高、结构紧凑、工作可靠性强。

图 3-4-1 所示为机床中的编码器。

图 3-4-1 机床中的编码器

• 引导问题

一般来说在数控加工前，操作人员需要建立机床坐标系原点位置，但是不同的机床初始运动不同，比如有一些机床一定要执行 G28 回参考点动作才能进行加工；而另外一些数控机床则不需要返回参考点的运动，直接执行加工指令即可。那么这两种机床是否代表了不同的编码器工作方式呢？这与编码器类型有何关系？

_____

_____

_____

_____

_____

编码器根据内部结构和检测方式不同，可分为接触式、光电式和电磁式三种。光电式的编码器精度最高，同时光电式编码器又可分为增量式与绝对式两种，两者都是利用光电原理，将机械角位移转变成变脉冲信号。

增量式光电编码器能够准确检测回转件的旋转方向、旋转角度和旋转角的速度，然后通过光电转换将其转换成对应的脉冲数字量，最后由微机数控系统或计数器计数得到角位移或直线位移量；绝对式光电脉冲编码器可以将被测转角转换成相应的代码，来指示绝对位置，没有累计误差，是一种直接编码式的测量装置。

按照读数方式编码器可以分为接触式和非接触式两种；按照工作原理编码器可分为增量式和绝对式两类。

（1）增量式：就是每转过单位角度就发出一个脉冲信号（也有的发出正余弦信号，然后对其进行细分，斩波出频率更高的脉冲），通常为 A 相、B 相、Z 相输出，A 相、B 相为相互延迟 1/4 周期的脉冲输出，根据延迟关系可以区别正反转，而且通过取 A 相、B 相的上升和下降沿可以进行 2 或 4 倍频；Z 相为单圈脉冲，即每圈发出一个脉冲。

（2）绝对值式：就是对应一圈，每个基准的角度发出一个唯一与该角度对应二进制的数值，通过外部记圈器件可以进行多个位置的记录和测量。

- 学生任务

编码器的类型与特点见表3-4-1。

表3-4-1　编码器的类型与特点

| 编码器类型 | 特点 | 适用条件 |
|---|---|---|
|  |  |  |
|  |  |  |
|  |  |  |
|  |  |  |
|  |  |  |

编码器通常安装在被检测的轴上，随被测轴一同转动，可以将被测轴的机械角位移转换成增量脉冲形式或绝对式的代码形式。观察图3-4-2可知，编码器内部安装有码盘，其上有明暗相间的环形码道，码盘的一侧有光电发射器，对侧有感光元件及光电转换元件，用于接受并放大电信号，以获得正弦波信号（正弦信号存在相位差），通过观察相邻两个相位的先后顺序可以判断编码器同步转动轴的旋转方向，通过零位脉冲可以获得编码器的零位参考点。

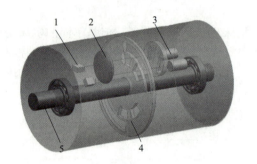

图3-4-2　编码器结构

1—光源；2—凸透镜；3—光敏元件；4—码盘；5—旋转轴；6—发光体；7—光栅板；8—光电转换电路

## 1. 增量式编码器

增量式光电编码器在码盘的边缘上设有间距相等的透光缝隙，码盘的两侧分别安装有光源和光敏元件，当码盘与被测轴一起转动时，每转过一个缝隙，就有一次光线的明暗变化，投射到光敏元件上的光强就会发生强弱的变化，光敏元件会将光线的明暗变化转变成电信号，然后经放大信号整形处理后输出脉冲信号，脉冲的个数就等于转过的缝隙数。如果将脉冲信号传送到计数器中计数，就可以检测出码盘转过的角度、单位时间内脉冲的数目，从而求出码盘的旋转速度，即测得旋转轴的转速。如图3-4-3所示。

图3-4-3　编码器工作原理

- 引导问题

根据编码器的结构思考编码器是否能判定主轴的正、反转，并阐述原因。

由于增量式光电编码器每转过一个分辨角就发出一个脉冲信号，由此可以得出以下结论：

（1）根据脉冲的数目可得出工作轴的旋转角度，然后由传动比换算为直线位移距离，根据脉冲的频率可得出工作轴的转速。

（2）根据光板上两条狭缝中信号的先后顺序（称为相位），可判别光电编码盘的正反转，即转动方向。

（3）此外，在光电编码器的内圈还增加了一条透光条纹，每产生一个零位脉冲信号，则转一圈就会产生一个零位脉冲信号。

（4）在进给电动机所用的光电编码器上，零位脉冲用于精确确定机床的参考点，而在主轴电动机上则可用于主轴准停以及螺纹的加工。

主轴编码器与主轴同步转动，能够实现主轴调速的数字反馈和必要的进给控制，在数控加工螺纹时起到控制反馈作用。码盘上沿圆周刻有两圈条纹，外圈为圆周等分均布，发送脉冲使用，内圈只有1条条纹。在光栅上刻有透光条纹A、B、C，A与B之间的距离保证当条纹A与码盘上任一条纹重合时，条纹B应与码盘上另一条纹的重合度错位1/4周期。在码盘的对侧对应安装光敏元件，构成一条输出通道。灯泡发出的散射光线经过透镜聚光后成为平行光线，当码盘与主轴同步旋转时，由于码盘上的条纹与光栅上的条纹出现重合和错位，光敏元件受到光线明暗的变化信号，导致电流的大小发生变化，变化的信号电流经整流放大电路后输出矩形脉冲。条纹A与码盘条纹重合时，条纹B与另一条纹错位1/4周期，因此，A、B两通道输出的波形相位也相差1/4周期。

编码器信号原理示意图如图3-4-4所示。

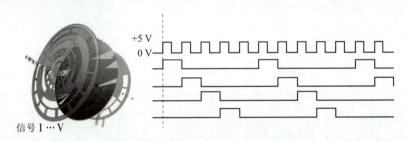

信号 I … V

图3-4-4　编码器信号原理示意图

● 学生活动

请阐述光电编码器在数控加工螺纹中的控制反馈作用。

"博观约取，厚积薄发"，学习技能知识要多查阅资料。扫一扫下方二维码查看编码器技术手册吧。

• 学生任务

学员任务分配表见表3-4-2。

表 3-4-2 学员任务分配表

| 班级 | | 组号 | | 指导教师 | |
|---|---|---|---|---|---|
| 组长 | | 学号 | | | |
| 组员 | 姓名 | 学号 | | 姓名 | 学号 |
| | | | | | |
| | | | | | |
| | | | | | |
| 任务分工 | | | | | |

结合数控铣床装配图的要求，观察教学设备，指出检测反馈元件位置，并完成表3-4-3。

表 3-4-3 数控铣床检测反馈元件

| 部件名称 | 所在位置 | 功能、作用 |
|---|---|---|
| | | |
| | | |
| | | |
| | | |

### 2. 绝对式编码器

编码器的编码方式有二进制编码，也可以是二至十进制编码。绝对式光电编码器通过读取编码盘上的编码图案来确定位置。与增量式编码器相比，绝对式编码器码道数量多，可以执行并行信号传输。如图3-4-5所示，编码盘上有4条码道，它们是码盘上的同心圆，按照二进制分布规律，比如刻有1 024条狭缝把每条码道加工成透明和不透明相间的样式，编码盘的一侧安装光源，另一侧安装一排镜像排列的光电管，每个光电管对准一条码道，当光源照射编码盘时，如果是透明区，则光线被光电管所接收，并转变成电信号，输出信号是1；如果不是透明区，则光电管接收不到光线，输出信号是0。当被测轴带动编码盘旋转时，光电管输出的信息就代表了轴相应的位置，即绝对位置。

光电编码器转过的圈数由RAM保存，断电后由后备电池供电，保证机床的位置，即便是在机床断电后也能被正确记录下来。因此采用这种编码器，电动机的数控系统只要出厂时建立过机床坐标系，以后就不用再回参考原点的操作，在需要加工时直接导入G代码进行加工操作即可。

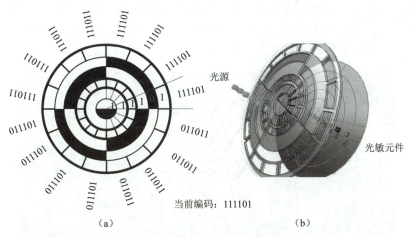

光源

光敏元件

当前编码：111101

（a）　　　　　　　　（b）

**图 3-4-5　绝对式编码器工作原理**

（a）增量式编码器码盘；（b）光电式编码器原理示意图

通常绝对式编码器使用的情况是以半闭环伺服系统作为角位移数字式检测元件，根据安装的方式不同，主要包括同轴安装和异轴安装。数控机床加工螺纹时用编码器作为主轴位置信号的反馈元件，将发出的主轴转角位置变化信号输送给计算机，控制机床纵向或横向电动机运转，实现螺纹加工，其不会产生螺纹切削过程中的乱齿，不至于存在乱齿、螺距不等的情况。此外，机床显示当前的主轴转速、提取数控加工切削参数，也是主轴编码器的作用；在高档机床中，使用的电主轴可以将电动机作为主轴来使用，即利用内置的编码器来检测当前的转速等参数，这些功能都离不开编码器。

- 学生活动

查找任意类型的某款编码器，分析其结构并说明工作原理。

_____

_____

_____

_____

_____

## 二、光栅尺

- 引导问题

与编码器检测旋转角度不同，数控铣床中的线性位置精度检测元件类型都有哪些。

_____

_____

_____

_____

_____

光栅尺位移传感器，是利用光栅的光学原理工作的测量反馈装置。光栅尺经常应用于数控机床的闭环伺服系统中，可用作直线位移或者角位移的检测，其测量输出的信号为数字脉冲，具有检测范围大、检测精度高、响应速度快的特点。例如，在数控机床中常用于对刀具和工件的坐标进行检测，来观察和跟踪走刀误差，以起到补偿刀具运动误差的作用。

根据光栅的工作原理光栅尺可以分为透射直线式和莫尔条纹式。光栅尺在机床中的安装位置如图 3-4-6 所示，即安装在进给导轨侧面，读数头与工作台直连，随工作台同步移动；其主尺固定在床身上，可以实时检测进给运动各轴的数值。

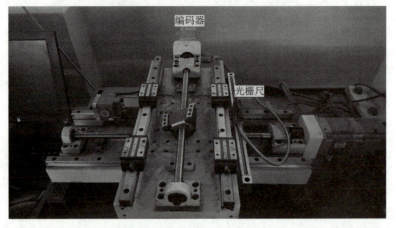

**图 3-4-6　数控铣床进给系统中的位置检测元件**

编码器与光栅尺一并将数控机床伺服反馈系统由半闭环的形式转变为闭环形式，提升了机床的定位精度，如图 3-4-7 所示。

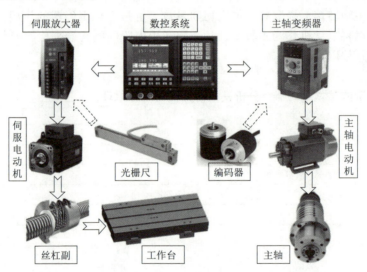

**图 3-4-7　立式数控铣床的闭环控制系统原理示意图**

- **学生任务**

请辨析伺服控制系统不同类型的差异及各自的特点。

_____

_____

_____

_____

_____

_____

### 1. 光栅尺结构

光栅尺是由标尺光栅和光栅读数头两部分组成的。光栅读数头由光源、透镜指示光栅、光敏元件和驱动线路组成。如图 3-4-8 所示，通常光栅尺由一长一短两块光栅尺配套使用，长的一块称为主光栅或标尺光栅，固定在机床的活动部件上，随运动部件移动，要求与行程等长；短的一块称为指示光栅，安装在光栅读数头中，光栅读数头安装在机床的固定部件上。两光栅尺上的刻线密度均匀，且相互平行，同时保持一定的间隙（0.05~0.1 mm）。

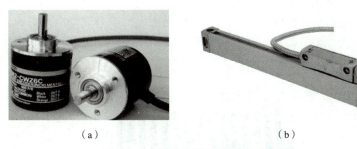

（a） （b）

**图 3-4-8 数控机床的检测反馈装置**

（a）编码器；（b）光栅尺

光栅位置检测装置由光源、长光栅（标尺光栅）、短光栅（指示光栅）和光电元件等组成，如图 3-4-9 所示。

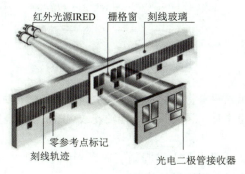

红外光源IRED　栅格窗　刻线玻璃

零参考点标记
刻线轨迹
光电二极管接收器

**图 3-4-9 光栅尺内部结构**

### 🔍 小提示

"横看成岭侧成峰，远近高低各不同"，通过不同的角度可以更充分地认识事物。扫一扫下方二维码查看光栅尺结构资料吧。

### 2. 光栅尺工作原理

与编码器相似，光栅尺按照工作原理也分为增量式光栅尺和绝对式光栅尺。增量式光栅尺的测量原理是将光通过两个相对运动的光栅调制成摩尔条纹，通过对摩尔条纹进行计数、细分后得到位移变化量，并通过在标尺光栅上设定一个或多个参考点来确定绝对位置；绝对式光栅尺的测量原理是在标尺光栅上刻划一条带有绝对位置编码的码道，读数头通过读取当前位置的编码可以得到绝对位置。

以绝对式光栅尺为例说明其工作原理，主要是利用莫尔条纹的原理进行数据的采集，即在安装时将两块栅距及黑白宽度相同的标尺光栅和指示光栅刻线面平行放置，将指示光栅在其自身平面内倾斜很小的一个角度，以便使它的刻线与标尺光栅的刻线保持一个很小的夹角 $\theta$，这样在光源的照射下就形成了光栅刻线几乎垂直的、横向明暗相同的宽条纹，称之为莫尔条纹，如图 3-4-10 所示。这是利用光的干涉效应，在 $a$ 线附近，两块光栅尺的刻线相互重叠，光栅尺上的透光狭缝互不遮挡，透光性最强，形成了亮带。

在 $b$ 线附近两块光栅尺的刻线互相错开，一块光栅尺的不透光部分刚好遮住另一块光栅尺的透光部分，所以透光性差，形成暗带，并最终形成明暗相间的莫尔条纹。莫尔条纹的放大作用即两个周期性结构图案重叠时所产生的差频。

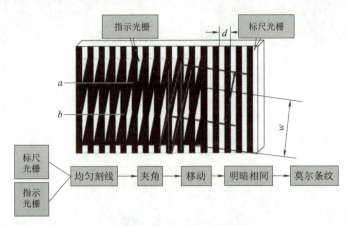

图 3-4-10　莫尔条纹示意图

注：莫尔条纹是两条线或两个物体之间以恒定的角度和频率发生干涉的视觉结果。当人眼无法分辨这两条线或两个物体时，只能看到干涉的花纹，这种光学现象中的花纹就是莫尔条纹。它具有以下特点：

（1）平均误差。莫尔条纹是由若干光栅刻线通过光的干涉形成的，比如每毫米有 500 条光栅，这样光栅尺栅距之间的误差就被平均化了。

（2）放大作用。调整光栅的倾斜角 $\theta$ 即可以改变放大的倍数（根据算式）。

（3）莫尔条纹的移动与栅距之间的移动成正比。当光栅移动时，莫尔条纹就沿着垂直于栅距的运动方向移动，并且每移动一个栅距，莫尔条纹就准确地移动一个间距，只要测量出莫尔条纹的数目，就可以知道光栅移动了多少个栅距，即可以计算出光栅的移动距离。

（4）可以判断运动方向。当光栅移动方向相反时，莫尔条纹的移动方向也相反，这样也能够检测出移动方向。光栅测量系统主要包括光栅测量的基本电路，由光源、透镜、光栅尺、光敏元件和一系列信号处理电路组成。通常情况下除标尺光栅与工作台装在一起并随工作台移动以外，光源、透镜、指示光栅、光敏元件和信号处理均装在一个壳体内，做成一个单独部件固定在机床上，这个部件称为光栅读数头，它的作用是将莫尔条纹的光信号转换成所需的电脉冲信号，读数头的结构形式按光路来分，有分光读数头、垂直入射读数头和反射读数头，它的工作原理都是分析光栅移动过程中位移量与各转换信号之间的相互关系。

（5）计算移动距离。当光栅移动一个栅距时，莫尔条纹便移动一个间距。通常光栅测量中光敏元件使用硅光电池，以便将近似正弦的光强信号变为同频率的电压信号。由于电压信号较弱，故需要经过差动放大器将其放大到足够大的同频率正弦波再经整形器变为方形波，由此可以看出每产生一个方形波就表示光栅移动了一个栅距，最后通过鉴相倍频电路中的微分电路变为一个窄脉冲，这样就变成了由脉冲来表示栅距，而通过对脉冲计数便可得到工作台的移动距离，其不但能够辨别运动的方向，也能辨别移动的距离。

● 学生任务

阐述光栅尺的工作原理。

_____

_____

_____

_____

_____

_____

_____

_____

_____

光栅尺信号的放大原理如图 3-4-11 所示。

莫尔条纹放大倍数及推断公式如下：

设 $a = b = W/2$，则

$$\frac{W/2}{B} \approx \sin\frac{\theta}{2}$$

即

$$B \approx \frac{W/2}{\sin\frac{\theta}{2}}$$

当 $\theta$ 很小时，则有

$$\sin\frac{\theta}{2} \approx \frac{\theta}{2}$$

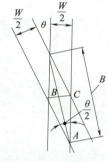

**图 3-4-11　放大原理**

 任务小结

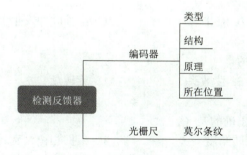

● 学习任务小结

新知识记录：_____

新技能记录：_____

小组协作体会：_____

## 任务评价

任务综合目标评价表见表3-4-4。

### 表 3-4-4 任务综合目标评价表

| 班级 | | | 姓名 | | 学号 | | |
|---|---|---|---|---|---|---|---|
| 序号 | 评价内容 | 具体要求 | | | 完成情况 | | 成绩 |
| 1 | 知识目标（40%） | 掌握编码器的结构及工作原理 | | | 优□　良□　中□　差□ | | |
| | | 掌握光栅尺的结构及工作原理 | | | 优□　良□　中□　差□ | | |
| 2 | 能力目标（40%） | 能够辨识数控机床的检测反馈元件 | | | 优□　良□　中□　差□ | | |
| | | 具备检测反馈元件维护与养护意识 | | | 优□　良□　中□　差□ | | |
| 3 | 素质目标（20%） | 体验精益求精的工匠精神 | | | 优□　良□　中□　差□ | | |

## 任务拓展

根据示教机床进给系统的实际情况选型光栅尺。

_____

_____

_____

_____

## 课后测试与习题

1. 数控机床中作为一种旋转式测量元件，用于检测旋转计数的检测仪器是（　　），它把角位移或直线位移转换成电信号。
   A. 光电传感器　　　　B. RFID　　　　　C. 主轴脉冲发生器　　D. 编码器
   答案：D

2. 以下不属于编码器结构的是（　　）。
   A. 感光元件　　　　　B. 读数头　　　　　C. 旋转盘　　　　　D. 计数器
   答案：B

3. 对编码器工作原理描述正确的是（　　）。
   A. 根据脉冲的数目测旋转角度　　　　　B. 根据相位判别转向
   C. 每转产生一个零位脉冲信号　　　　　D. 用于主轴准停
   答案：ABCD

4. （　　）数控车床用电主轴是高档数控机床用的主轴，功能和性能有大幅度提升，因此不需要再使用编码器实时反馈技术参数。
   答案：F

5. 以下对于编码器在数控加工中承担的作用描述正确的是（　　）。
   A. 主轴负载　　　　　　　　　　　　　B. 螺纹加工切削
   C. 导轨滑块副的进给量检测　　　　　　D. 主轴回转精度检测
   答案：BC

## 任务 3.5　数控铣床的整机验收

数控铣床
主轴的装配

### 任务描述

某数控机床生产厂商生产三轴立式数控铣床，顶岗实习的同学在组装车间需要承担机床基础件的搭建与调平工作。机床床身在组装时底座设有校正水平的地脚螺栓，需要完成机床基座的安装后进行水平精度检测与找正，使机床处于水平位置。

- 知识目标

（1）掌握机床的结构组成。

（2）掌握机床的精度检测原理。

- 能力目标

（1）能够进行机床主要精度的检测。

（2）能够选用合适的工具与检具。

- 素质目标

规范操作，执行 6S 标准。

### 任务实施

数控铣床从部件的生产到装备完成出厂，需要进行机床的装调，主要目的就是让新机床满足生产加工需要的状态，因此，整机装调以及机床精度检验是数控设备投入生产的重要环节。同时，数控机床的装配质量也会直接决定机床的加工精度及性能，只有经过正确的装配，才能符合数控设备的使用要求。机床装配不是将零部件进行简单的结合，还应包括必要的装配顺序以及调整、检验等工序。数控机床操作工和维修人员需要掌握机床验收的能力，确保设备正常投入使用。结合本课程的学习目标，本次任务的主要内容如下：

（1）讲述机床的结构组成。

（2）分析机床的精度检测原理。

（3）进行机床主要精度的检测。

（4）选用合适的工具与检具。

（5）规范操作，执行 6S 标准。

- 引导问题

数控机床在引入车间后，应该进行哪些精度检测验证项目呢？

_____

_____

_____

### 一、装配前的准备工作

#### 1. 立式数控铣床的基础件

机床基座是整个机床的搭建基础，相当于平台，是负载的结构件，要保证基座的稳定和水平，主要起到支撑作用。机床底座上装有工作台、主轴箱、立柱、换刀装置，是整个机床的基础。假如没有底座的存在，则所有机械部件难以组装起来，机床也会失去稳定性，运动轨迹也是上下起伏，不能控制加工精度。

机床底座常用灰铸铁制造，它的热变形量较其他材料更低。另外，基座的配合面需要人工刮研，保证整体的水平，如果是铸钢或熟铁，在刮研时会产生变形，故无法进行人工刮研；基座周边会设置地脚螺钉，增强与基地的连接稳定性，同时降低机床固有频率。基座的水平精度一般使用水平仪检测。

数控铣床主要基础件及其总成见表3-5-1。

表3-5-1　数控铣床主要基础件及其总成

| 床身 | 立柱 |
|---|---|
| 数控铣床总成 | |
| 拖板 | 主轴箱 |

- 引导问题

数控机床基础件应该进行哪些精度的检测？

### 2. 工具选用

在机床精度检测中主要用到的工具包括千分表、磁力表座、检验棒、水平仪。一般将短检验棒装夹在主轴卡盘上，将千分表指针压在检验棒侧端面，慢速回转主轴检测轴向窜动。此外，为了确保进给系统处于水平状态，可以采用平面刮和曲面刮两种方式调整水平精度，常用的方法还包括导轨刮研和装配面的铲刮等；在部件调整时，主要使用较软的铜棒敲击机床部件，以避免零件损坏，有时也可以用铝棒。

#### 1）塞尺

塞尺又称厚薄规或间隙片，主要用来检验机床紧固面间隙，比如：活塞与气缸间隙、活塞环槽和活塞环间隙、十字头滑板和导板间隙、齿轮啮合间隙等。塞尺是由许多厚薄不一的薄钢片组成的，按照塞尺的组别制成一把把塞尺，每把基尺中的每片具有两个平行的测量面，且都有刻度标记供组合使用。

使用及注意事项：使用时要将表面清理干净；根据结合面的间隙情况选择塞尺片数，但越少越好；使用时不能戴手套，并保持手干净、干燥；使用时避免塞尺弯曲；不能用于测量温度较高的工件。

2）水平仪

水平仪是一种测量小角度的常用量具，在机械行业和仪表制造中用于测量相对于水平位置的倾斜角、机床类设备导轨的平面度和直线度、设备安装的水平位置和垂直位置等。

床身调平用工具、检具见表 3-5-2。

表 3-5-2　床身调平用工具、检具

| 序号 | 工具名称 | 作用 | 图片 |
|---|---|---|---|
| 1 | 水平仪 | 测量小角度量具，用于测量相对于水平位置的倾斜角 |  |
| 2 | 塞尺 | 用来检验机床紧固面的间隙大小 |  |
| 3 | 地脚螺栓 | 调整机床床身 |  |
| 4 | 水平仪 | 用放置在桥板面上且相互垂直的水平仪检测床身水平性 | 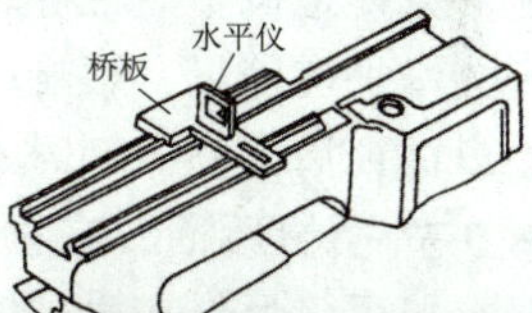 |
| 5 | 呆扳手 | 调整地脚螺栓，并实时观察水平仪气泡位置，直至将机床工作台调整至水平状态 | 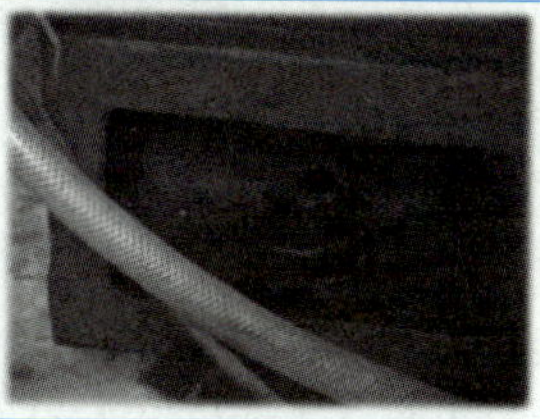 |

**3. 装配步骤设计**

（1）研究与熟悉铣床基座部件装配图和有关技术文件资料。

（2）按清单检测各装配零件的尺寸精度及制造或修复质量，核查技术要求，凡有不合格者一律不得装配。此外，在装配前必须清洁零件。

（3）根据零部件的结构特点和技术要求，确定合适的装配工艺、方法和顺序。

（4）装配实施与精度检测。

### 二、机床装调

#### 1. 床身装调

机床床身具有安装简便、刚性高的特点，采用模块化设计，可以在组装后调整精度。床身材料使用优质中碳钢，抗冲击力强、耐用，这有利于保障机床的稳定性，满足高加工精度的要求。

在数控铣床床身与立柱的安装工艺方面，经历了从直接刮研、灌胶到螺纹灌胶的改进。直接刮研工艺由于工作量大、生产效率低，已被淘汰。灌胶工艺是运用于高精度数控机床床身和立柱装配，在传统安装刮研工艺和现代粘接技术的基础上发展起来的一门新工艺技术。螺纹灌胶工艺是在灌胶工艺的基础上发展起来的，与灌胶工艺相比，它将床身与立柱间的灌胶改为在四个支承螺钉的螺纹及支承钢球面上的灌胶，螺纹和钢球接触面的设计必须满足立柱的工作强度要求。螺纹灌胶工艺比灌胶工艺更经济，已在一些技术实力较强的数控机床厂总装中采用。

在精密机床床身和立柱的安装过程中，为避免过度频繁地调整起吊而破坏连接精度，灌胶工艺需要先将这两个连接件支撑起来，并把它们调整到规定的位置精度，然后再向两连接件之间的缝隙灌注粘接剂。当采取措施确保粘接剂凝固后，二者的位置精度不变。

灌胶工艺的流程如图 3-5-1 所示。

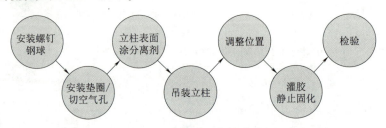

**图 3-5-1 灌胶工艺的流程**

具体来说，首先在床身的安装面四周均布四个螺钉，要求其连接强度足够支撑起立柱，用这四个螺钉顶起四只钢球，然后用调整工具将钢球调整到距离床身一定的高度。钢球顶起的高度既要能够方便地调整立柱导轨与床身工作台的位置精度，又不能让两个连接面之间的间隙过大，否则会增加注胶量，影响成本，且太厚的注胶层会影响粘接强度；随后在安装位置四周装上垫圈，以保证灌注粘接剂时不溢漏，并在床身注胶口前沿切出空气出口以排出空气。注胶孔一般设置在立柱的后面，在距离底部约 20 mm 处钻一垂直通孔至立柱底面，距离立柱后面 20 mm 左右即可。另外在立柱安装表面涂上分离剂，以便于立柱和粘接剂分离。随后吊装立柱，将它支撑在钢球上，并反复调整压在钢球下的四个螺钉，调整立柱导轨与床身上工作台面的垂直度直至符合精度要求。至此，灌胶前的准备工作就绪。

灌胶时，可以选用环氧胶进行灌注，因为它的强度高，可以粘接，耐温和化学性能好。将灌注胶与稀释剂严格按照规定的比例、速度和时间混合搅拌均匀，然后立即压入注胶口。灌胶要保证两结合面的胶层充分饱满，以灌胶口前方的空气切口有胶液溢出为宜。完成后，让设备保持原位静止，使粘接胶充分室温固化，以达到规定的参数。在底座定位前，先将轨道研磨面用除油剂清除干净，检查研磨面是否有敲击伤痕或裂痕，并将水平仪放置于底座研磨面中央，使用水平仪判断水平状态。

最后，将所有连接螺钉按规定转矩拧紧，并校验立柱导轨与工作台台面的垂直度误差。

床身装调技术如图 3-5-2 所示。

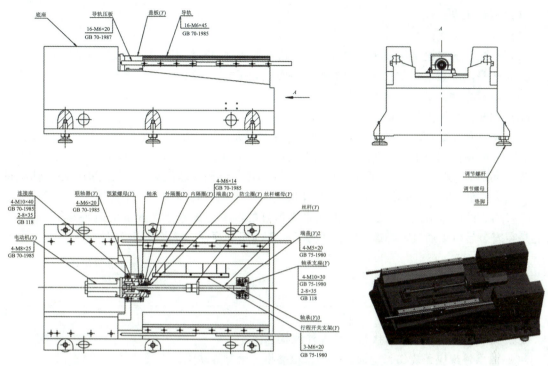

**图 3-5-2 床身装调技术**

• **学生任务**

如图 3-5-3 所示，确定数控铣床的部件组成。

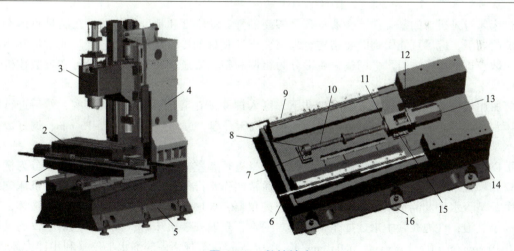

**图 3-5-3 数控铣床**

1—下托板；2—上托板；3—铣头；4—立柱；5—底座；
6—导轨压板；7—轴承座；8—轴承；9—导轨；10—Y 轴丝杆；
11—轴承端盖；12—连接器；13—电动机（Y）；14—底座；15—连接座；16—垫脚

机床机械部件装配时按照"由下到上，由内到外"的原则进行装配，数控铣床仿真软件的装配步骤如下：

（1）吊装床身。

（2）清洁装配面。

（3）装配各向进给系统模块，如伺服电动机、导轨副、丝杠螺母副、轴承座的安装。

（4）床身的静态水平调整（通过调整地脚螺栓调平）。

（5）吊装立柱。

（6）调整与检测整体精度。

实际操作中需要注意：数控机床与地面直接接触的是床腿上的六个地脚螺钉，每个地脚螺钉上所承受的力是不一样的，机床在使用一段时间后会由于自身重力导致地脚螺母松动或地基下沉，造成某个地脚与垫铁没有吃力，在加工时就会产生振动，导致导轨扭曲、丝杠磨损严重、轴承间隙变大、端盖配合超差等问题，最终加工尺寸误差也会增大，因此需要先对底座水平进行检修。

一般购买的机床引进车间后都放置在事先做好的混凝土地基上，预留出地脚螺栓的位置，目的是在安装后可以通过地脚螺栓的连接降低机床的固有频率，提高机床稳定性。

- **学生任务1**

按照装配顺序进行模拟仿真装配。

---

- **学生任务2**

观察机床的基座及部件的状态，检查外观状态：

（1）轴承外观应无烧伤、锈蚀、碰伤、粗磨痕、毛刺等缺陷。

（2）防护油应无油脂泄漏的情况。

（3）轴承包装应标识清楚、完整，内包装应完好、无破损。

---

### 三、精度检测

机床床身是机床的基础件，要求具有足够高的静、动刚度和精度保持性，在满足总体设计要求的前提下，应尽可能做到既要结构合理又要保证良好的冷、热加工工艺性。通常可利用水平仪对数控机床床身进行水平调整，通常分为粗调和精调。通过调节地脚螺栓可实现数控机床床身的水平。

将所用垫铁放入数控机床地脚螺栓孔下，穿入螺栓，旋至与承重盘接触严实，然后进行数控机床水平调节。用扳手顺时针旋转螺栓，数控机床升起，可调整高度为3~15 mm，调好数控机床水平后旋紧螺母，固定水平状态。

可以使用测量小角度的量具水平仪对机床床身进行调整。按水平仪的外形不同可分为框式水平仪和尺式水平仪两种，其中有液体的部分通常叫作水准气泡。框式水平仪是检验机床安装面或平板是否水平及测量倾斜方向与角度大小的仪器，玻璃管内充满黏性系数较小的液体，并留有一小气泡，气泡在管中永远处于最高点。通常，企业安装机床时，常用气泡水平仪的灵敏度有0.01 mm/m、0.02 mm/m、0.04 mm/m、0.05 mm/m等规格。气泡水平仪是利用浮力原理，即气泡始终处于最高位置的特性，根据几何关系，通过气泡是否处于中间位置来判断被检测面是否水平。使用前应先将被测量面和水平仪的工作面擦拭干净，并进行零位检查。将调整工具——小扳手插入调整孔，拧动螺钉进行调整，气泡对中间位置的偏移不超过刻度示值的1/4即可。测量时必须待气泡完全静止后方可读数。读数时应垂直观察，以免产生视差。使用完毕后应进行防锈处理，放置时应注意防振、防潮。

机床床身水平精度检测步骤如图3-5-4所示。

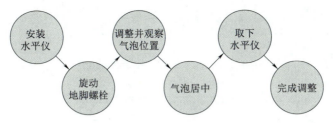

图 3-5-4　机床床身水平精度检测步骤

- **学生任务**

在模拟软件中进行精度检测的仿真操作。

---

## 四、十字滑台装调

### 1. 技术要求

十字滑台装配技术要求如图 3-5-5 所示。

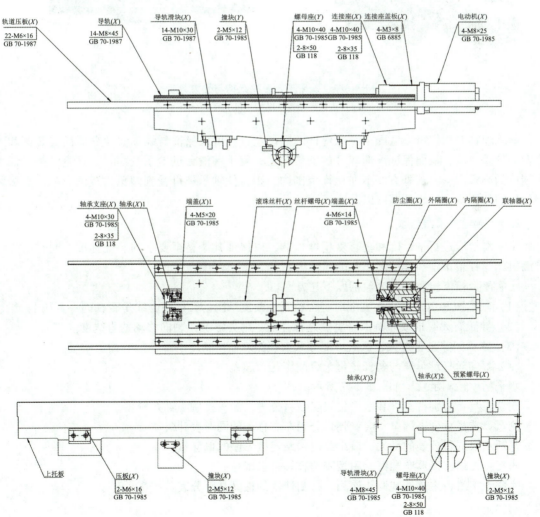

图 3-5-5　十字滑台装配技术要求

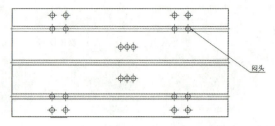

图 3-5-5　十字滑台装配技术要求（续）

机床在组装时，轴承座、电动机座的固定面与导向机构（比如直线导轨）在空间上要保证直线度和平行度，从而保证丝杆与导轨平行。丝杆螺母座与丝杆螺母配合，丝杆副的作用是把丝杆的旋转运动转化为丝杆螺母的轴向运动，$Y$ 向丝杆副带动机床做 $Y$ 向运动，$X$ 向丝杆副带动机床做 $X$ 向运动。

铣床进给系统结构与受力分析如图 3-5-6 所示。

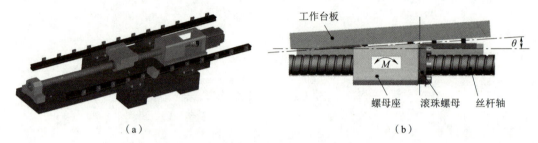

（a）　　　　　　　　　　　　　　　　（b）

图 3-5-6　铣床进给系统结构与受力分析

（a）进给传动系统结构；（b）受力分析

滚珠丝杆专用螺母座装配于滚珠丝杆的螺母上，它可以保证与螺母法兰贴紧的安装面和工作台面的垂直度，从而保证滚珠丝杆的安装精度。就十字滑台进给系统而言，垂直度是保证加工精度的因素之一，若垂直度不在允许范围内，则会使轴承螺母受到倾覆力矩的影响，直接影响丝杆的使用寿命、定位精度以及流畅性。

## 2. 十字滑台精度检测

十字滑台应进行平行度和垂直度精度检测，以保证其调整至要求的装配标准，同时也应该检测机床丝杆轴承座和连接器座孔的同轴度。

十字滑台精度检测的内容包括以下几方面：

（1）轴承座和电动机座在装配时是否校正，两支承座的孔径中心线是否在同一直线上。

（2）导轨有无磨损或导轨本身质量是否合格，这会影响 $X$ 轴向移动的直线度。

（3）轴承间隙是否过大，这有可能导致磨损振动而使精度下降，影响加工质量。

（4）$X$ 向丝杆螺母座与丝杆螺母配合间隙是否超差。

水平精度检测示意图如图 3-5-7 所示。

安装工具：分别在垂直和水平位置安装百分表，测头接触心轴并校零。

测量：选择百分表测量，会看到百分表左右移动的同时表针跳动。

判断：根据百分表的最大、最小差值判断连接器座的偏移量。

修复：拧松连接器座螺钉，用橡胶锤轻轻敲击调整。

完成十字滑台主体的装调与检测，检测使用的检具是百分表。

上面百分表显示　　　侧面百分表显示

最大值 0　　　　最大值 0
最小值 −2.49　　　最小值 −2.49

（a）　　　　　　　　　（b）

**图 3-5-7　水平精度检测示意图**

（a）水平精度检测模型；（b）检测用百分表

● 学生任务

按照装配顺序进行模拟仿真装配。

_____

_____

_____

_____

_____

## 五、数控铣床立柱的装调

### 1. 技术要求

铣床立柱的装配图如图 3-5-8 所示。

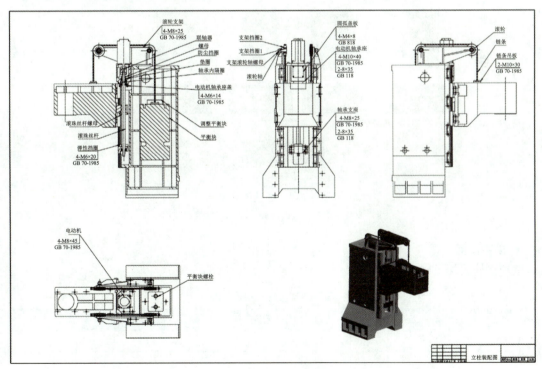

**图 3-5-8　铣床立柱的装配图**

## 2. 装配前的准备工作

确定丝杆出厂时是否有异常。在安装完轴承座和电动机座后安装丝杆，完成后需要校正，保证轴线与导轨平行，即丝杆的轴线和丝杠轴承座（轴承座，电动机座）孔的轴线是同一直线，那么丝杆在安装前就要检测一下两支承座孔是否同轴、中轴线与机床直线导轨是否平行。当丝杆装好后需再次检测丝杆与导轨的平行度，任何环节出现误差都会对机床精度产生影响。如果两个支承座孔的同轴度有误差，就会导致丝杆安装后发生弯曲变形，与导轨失去平行，在运动时就会受到阻力造成过载报警，使丝杆振动并伴有声响。

## 3. 立柱的装调（见图 3-5-9）

图 3-5-9　立柱的装调

（a）立柱主要系统装配流程；（b）立柱装配流程

### ● 学生任务

整理立柱装配步骤，完成表 3-5-3。

表 3-5-3　立柱装配步骤

| 装配步骤 | 使用工具 | 操作内容 | 装配标准检测 | 备注 |
|---|---|---|---|---|
| 1 | | | | |
| 2 | | | | |
| 3 | | | | |

| 装配步骤 | 使用工具 | 操作内容 | 装配标准检测 | 备注 |
|---|---|---|---|---|
| 4 | | | | |
| 5 | | | | |
| 6 | | | | |
| 7 | | | | |
| 8 | | | | |
| 9 | | | | |
| 10 | | | | |
| 11 | | | | |
| 12 | | | | |
| 13 | | | | |
| 14 | | | | |
| 15 | | | | |
| 16 | | | | |

### 4. 精度检测

（1）距离精度：装配后相关零部件间的距离尺寸精度，如车床床头和尾座两顶尖的等高度。距离精度还包括配合面间达到规定间隙或过盈的要求，如轴孔的配合间隙或过盈。

（2）相互位置精度：装配后零部件应保证的平行度、垂直度、同轴度和各种跳动等，如主轴莫氏锥孔的径向圆跳动、轴线对床身导轨面的平行度等。

（3）相对运动精度：装配后有相对运动的零部件在运动方向和运动准确性上应保证的要求，如主轴轴线对溜板移动的平行度。相对运动方向精度表现为零部件间相对运动的平行度和垂直度，如铣床工作台移动对主轴轴线的平行度或垂直度；相对速度精度即传动精度，如滚齿机主轴与工作台的相对运动速度等。

数控铣床 $Z$ 向进给系统同轴度检测示意图如图 3-5-10 所示。

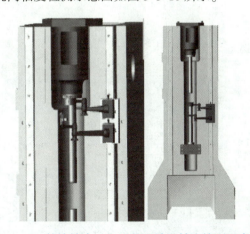

图 3-5-10　数控铣床 $Z$ 向进给系统同轴度检测示意图

（4）平行度：平行度是限制实际要素对基准平行方向上变动量的一项指标。根据被测要素和基准要素的几何特征可分为线对线、线对面、面对面和面对线四种情况，如图 3-5-11 所示。

a）给定一个方向
公差带是距离为公差值为t，且平行于基准线，位于给定方向上两平行平面之间的区域

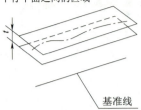

基准线

b）给定相互垂直的两个方向
公差带是正截面尺寸为公差值$t_1 \times t_2$且平行于基准轴线的四棱柱内的区域

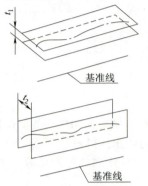

基准线

基准线

c）任意方向
如果在公差值前加$\phi$，则公差带是直径为公差值t，且平行于基准线的圆柱内的区域

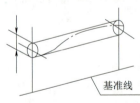

基准线

公差带是距离为公差值t，且平行于基准平面的两平行平面之间的区域

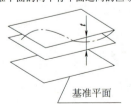

基准平面

提取实际中心线必须位于距离为公差值0.2 mm，且在给定方向上平行于基准轴线A的两平行面之间

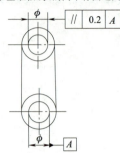

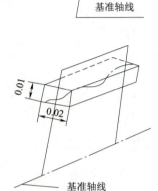

基准轴线

$\phi D$的轴线必须位于正截面为公差值0.01 mm×0.02 mm，且平行于基准轴线C的四棱柱内

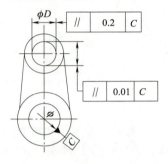

基准轴线

$\phi D$的轴线必须位于正截面为公差值0.2 mm，且平行于基准轴线C的圆柱面内

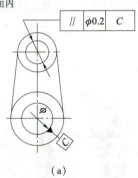

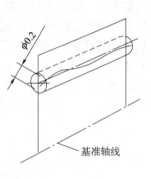

基准轴线

（a）

提取实际中心线必须位于距离为公差值0.03 mm，且平行于基准平面A的两平行平面之间

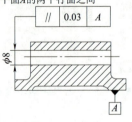

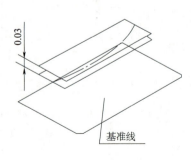

基准线

（b）

图 3-5-11　基本精度检测内容

（a）线对线；（b）线对面

公差带是距离为公差值$t$，且平行于基准线的两平行平面之间的区域

基准轴线

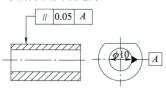

提取实际中心线必须位于距离为公差值0.05 mm，且平行于基准线$A$的两平行平面之间

// 0.05 $A$

$\phi10$ $A$

0.05

基准轴线

(c)

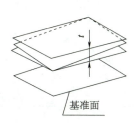

公差带是距离公差值为$t$，且平行于基准面位于两平行平面之间的区域

基准面

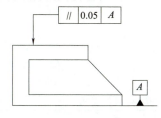

提取实际中心线必须位于距离为公差值0.05 mm，且平行于基准面$A$的两平行平面之间

// 0.05 $A$

$A$

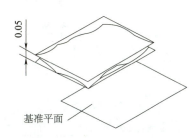

0.05

基准平面

公差带是直径为公差值$t$，且与基准轴线同轴的圆柱面内的区域

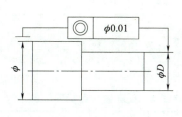

$\phi0.01$

$\phi$ $\phi D$

$\phi D$的轴线必须位于直径为公差值0.01 mm，且与基准轴线同轴的一个圆柱面内

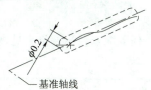

$\phi0.2$

基准轴线

(d)

**图 3-5-11　基本精度检测内容（续）**

（c）面对线；（d）面对面

（5）同轴度：同轴度是定位公差，其理论位置是基准轴线，但由于被测轴线对基准轴线的不同点可能在空间各个方向上出现，故其公差带为一以基准轴线为回转中心的圆柱体，公差值为该圆柱体的直径，在公差值前加注符号"$\phi$"，被测量轴线相对于基准轴线位置的变化量称作同轴度误差。

● **学生任务**

复述立柱装调的精度检查步骤。

_____

_____

_____

_____

_____

_____

_____

_____

任务小结

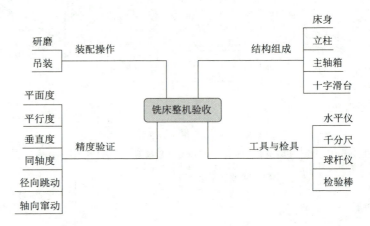

● 学习任务小结

新知识记录：_____

新技能记录：_____

小组协作体会：_____

任务评价

任务综合目标评价表见表 3-5-4。

表 3-5-4　任务综合目标评价表

| 班级 | | | 姓名 | | | 学号 | | |
|---|---|---|---|---|---|---|---|---|
| 序号 | 评价内容 | 具体要求 | | 完成情况 | | | | 成绩 |
| 1 | 知识目标<br>（40%） | 掌握机床结构的组成 | | 优□　良□　中□　差□ | | | | |
| | | 掌握机床精度的检测原理 | | 优□　良□　中□　差□ | | | | |
| 2 | 能力目标<br>（40%） | 能够进行机床主要精度的检测 | | 优□　良□　中□　差□ | | | | |
| | | 能够选用合适的工具与检具 | | 优□　良□　中□　差□ | | | | |
| 3 | 素质目标<br>（20%） | 规范操作，执行 6S 标准的意识 | | 优□　良□　中□　差□ | | | | |

任务拓展

以大连机床厂 VDL-600 型立式加工中心为例，阐述整机校验的内容和步骤。

_____

_____

_____

_____

_____

1. （　　）机床的基础件称为机床大件，通常指床身底座立柱横梁和滑座工作台等，它是机床的基础和框架。机床的其他零部件，或者固定在基础件上，或者工作时在其导轨上运动。

   **答案**：T

2. 名词解释：导向精度

   **答案**：导向精度是指机床的运动部件沿着导轨运动的轨迹，与机床相关基准面之间相互位置的准确性。

3. 数控铣床十字滑台的精度检测中需要进行的检测包括（　　）。

   A. 回转精度检测　　　B. 切削精度检测　　　C. 垂直度检测　　　D. 平行度检测

   **答案**：D

   数控机床切削精度检测又称动态精度检测，是在切削加工条件下，对机床几何精度和定位精度的一项综合考核。一般数控车床是对一个综合试件的加工质量进行切削精度评价，机床质量好坏的最终考核标准还是看该机床加工零件的质量如何，主要分为单项加工精度检测和综合加工精度检测验两种。

4. 加工中心上采用 7/24 锥度 BT 刀柄实现刀具与机床主轴连接结构的优点包括（　　）。

   A. 连接刚度高　　　　　　　　　　B. 可靠性高

   C. 可减小刀具的悬伸量　　　　　　D. 可实现快速装卸刀具

   **答案**：BCD

5. 名词解释：定向装配。

   **答案**：定向装配是指人为地控制各装配件径向跳动误差的方向，使误差相互抵消而不是累积，以提高装配精度的方法。

# 项目 4　数控加工中心的选型与应用

## 任务 4.1　数控加工中心的换刀装置选用与保养

### 任务描述

工厂升级改造数控铣床，需要升级后的机床能够实现工件在一次装夹后完成多道工序或全部工序的加工功能，且与相应的机床结构特点相符合。现需要设备维护人员进行自动换刀装置模块的选型与安装调试，完成机床的升级改造任务。作为设备维护人员，需要首先查阅资料，了解自动换刀装置的常见类型与基本知识，为模块选型和设备升级做准备。

- 知识目标
（1）掌握数控铣削加工中心自动换刀装置的类型。
（2）掌握斗笠式刀库的结构与工作原理。
（3）掌握圆盘式刀库的结构与工作原理。
（4）掌握单臂双爪机械手的结构与工作原理。
（5）掌握凸轮式机械手的结构与工作原理。
（6）掌握主轴准停的工作原理。
（7）了解数控铣床主轴装卸刀柄的工作原理。

- 能力目标
（1）能够辨析数控铣床和数控加工中心。
（2）能够进行数控加工中心的日常保养与维护。

- 素质目标
养成精益求精的工匠精神。

多轴数控加工
中心类型与
结构组成

### 任务实施

本次任务主要以三轴立式数控铣削加工中心作为阐述对象，一般将带有自动换刀装置的数控铣床称为数控铣削加工中心。在基础上安装刀库或换刀装置，并能够实现自动更换刀具的数控铣床，称为数控铣削加工中心，它可实现工件的多工序加工。需要指出的是在基础上增加换刀模块的数控车床则称为数控车削加工中心。此外，加工中心还有车铣复合加工中心。本任务的主要内容如下：

（1）掌握数控铣削加工中心自动换刀装置的类型。
（2）掌握斗笠式刀库的结构与工作原理。
（3）掌握圆盘式刀库的结构与工作原理。
（4）掌握单臂双爪机械手的结构与工作原理。

（5）掌握凸轮式机械手的结构与工作原理。

（6）掌握主轴准停的工作原理。

（7）了解数控铣床主轴装卸刀柄的工作原理。

（8）能够辨析数控铣床和数控加工中心。

（9）能够进行数控加工中心的日常保养与维护。

数控加工中心的类型见表 4-1-1。

表 4-1-1　数控加工中心的类型

| 车铣复合数控加工中心 | 立式铣削加工中心 |
| --- | --- |
| 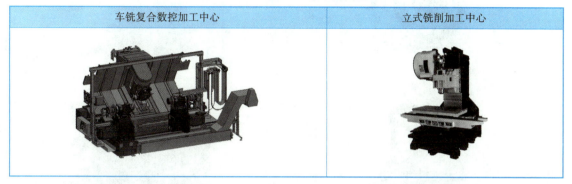 | |

## 一、自动换刀装置

刀具自动交换装置（Automatic Tool Changer，ATC）即能自动更换加工中所用工具的装置，是在机床数字化控制的基础上进一步提高数控机床的加工效率，保证数控机床让工件在一次装夹后可以完成多道工序或全部工序加工的装置，它的有无是判断数控机床和数控加工中心的重要因素。在复杂零部件的数控加工装备中，多轴数控加工中心是机床的必要组成模块。

加工中心上的自动换刀装置按照有无换刀辅助装置可以分为有机械手臂和无机械手臂两种。前者由刀库和刀具交换装置组成，用于交换主轴与刀库中的刀具或工具；后者通过刀库和主轴的配合自动换刀。

机械手换刀方式是由刀库选刀，再由机械手完成换刀动作，这是加工中心普遍采用的形式。机床结构不同，机械手的形式及动作均不一样。主轴换刀方式是通过刀库和主轴箱的配合动作来完成换刀，适用于刀库中刀具位置与主轴上刀具位置一致的情况，一般把盘式刀库设置在主轴箱可以运动到的位置，或整个刀库能移动到主轴箱可以到达的位置。换刀时，主轴运动到刀库上的换刀位置，由主轴直接取走或放回刀具。

在数控装备升级改造中，也可以通过安装自动换刀装置扩大机床的加工适用范围。选择自动换刀装置时需要结合数控加工中心对自动换刀装置的相应要求，包括刀库容量、换刀时间、安装尺寸、运行的可靠性、刀具重复定位精度以及刀具识别准确性等。

刀库的基本类型有转塔式、链式和盘式等。链式刀库的特点是存刀较多、扩展性好、在加工中心上配置位置灵活，但结构复杂；盘式和转塔式刀库的特点是构造简单，适当选择刀库位置还可省去换刀机械手，但刀库容量有限。在数控加工中心上使用的刀库主要有两种，一种是盘式刀库，一种是链式刀库。盘式刀库装刀容量相对较小，一般有 1~24 把刀具，主要适用于小型加工中心；链式刀库装刀容量大，一般有 1~100 把刀具，主要适用于大中型加工中心。数控铣削加工中心用自动换刀装置见表 4-1-2。

表 4-1-2　数控铣削加工中心用自动换刀装置

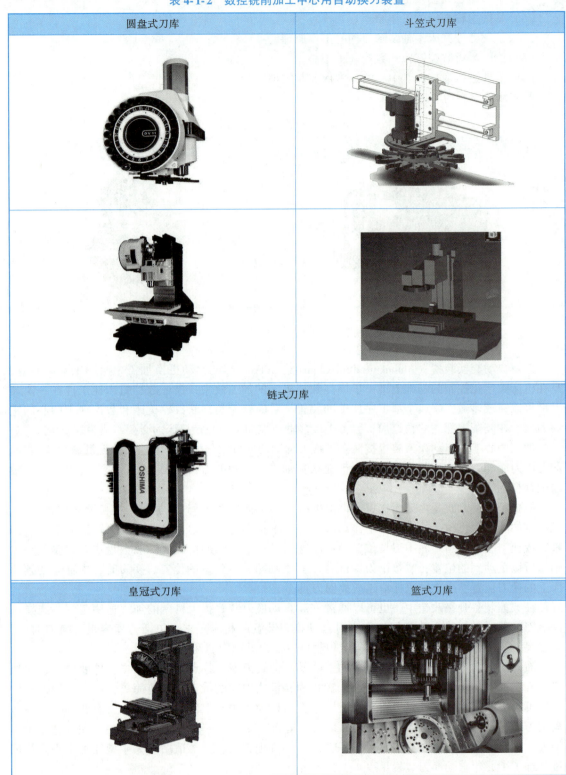

| 圆盘式刀库 | 斗笠式刀库 |
|---|---|
| | |
| 链式刀库 | |
| 皇冠式刀库 | 篮式刀库 |
| | |

　　我们已经了解数控车床上的刀架是安放刀具的重要部件，且许多刀架还直接参与切削工作，如卧式车床上的四方刀架、转塔车床的转塔刀架、回轮式转塔车床的回轮刀架、自动车床的转

塔刀架和天平刀架等，这些刀架既可安放刀具，而且还直接参与切削，承受极大的切削力作用，所以其往往成为工艺系统中的较薄弱环节。随着自动化技术的发展，机床的刀架也有了许多变化，特别是在数控车床上采用了电（液）换位的自动刀架，有的还使用了两个回转刀盘。加工中心则进一步采用了刀库和换刀机械手，实现了大容量存储刀具和自动交换刀具的功能，这种刀库安放刀具的数量从几十把增加到上百把，自动交换刀具的时间从十几秒减少到几秒甚至零点几秒。因此，刀架的性能和结构往往直接影响到机床的切削性能、切削效率，并体现了机床的设计和制造技术水平。

自动换刀装置一般由刀具存储装置、刀具编号识读模块和刀盘驱动机构组成，部分自动换刀装置还包括换刀辅助装置。

刀库除了存储刀具外，还要能够根据要求将各工序所用的刀具搬运到取刀位置。刀库常采用单独驱动的装置，圆盘式刀库可以容纳多把刀具，刀库的驱动装置由液压马达驱动，通过蜗杆和蜗轮端面端齿离合器带动与圆盘相连的轴转动。其外侧边缘上有固定不动的刀座号读取装置，当圆盘转动时，刀座号码板依次经过刀座号读取装置读出各刀套的编号并与输入指令相比较，当找到所要求的刀号时，就发出信号，高压油进入液压缸右腔，端齿离合器脱开使圆盘处于浮动状态，同时液压缸前腔的高压油通路被切断，并使它与回油箱连通，在弹簧的作用下，液压缸的活塞杆带着定位 V 形块使圆盘定位，以便换刀装置换刀。这种装置总体上看比较简单，结构布局比较紧凑，圆盘直径较大，转动惯量较大，多安装在离主轴较远的位置，因此常采用中间搬运辅助装置来将刀具传送到换刀装置中间。

刀具选择的工作原理是刀具按预定工序的先后顺序插入刀库的刀座内，使用时按顺序旋转到取刀位置，并将用过的刀具放回原来的刀座内；也可以按加工顺序放入下一个刀座内，任意选择刀具，通过程序的设置来调取所选用的刀具。

加工中心刀库中有多把刀具，如何从刀库中调出所需刀具，就必须对刀具进行识别，刀具识别的方法有两种：刀座编码和刀柄编码。前者是在刀库的刀座上编有号码，在装刀之前，首先对刀库进行重整设定，设定完后就变成了刀具号和刀座号一致的情况，此时一号刀座对应的就是一号刀具，经过换刀之后，一号刀具并不一定放到一号刀座中（刀库采用就近放刀原则），此时数控系统自动记忆一号刀具放到了几号刀座中，即数控系统采用循环记忆方式；后者是识别传感器在刀柄上编有号码，首先将刀具号与刀柄号对应起来，把刀具装在刀柄上，再装入刀库，在刀库上有刀柄感应器，当需要的刀具从刀库中转到装有感应器的位置，且被感应到后，即从刀库中调出交换到主轴上。

选择刀具的依据是将刀具编码，编码形式主要包括三种：刀具编码的方式；刀座编码的方式；编码附件的方式。比如采用编码钥匙、编码卡片、编码杆、编码盘等方式进行刀具的编码。

刀具识别装置的类型包括接触式刀具识别装置、非接触式刀具识别装置和光学纤维刀具识别装置。

• 学生任务

总结典型自动装置的特点与应用场景。

_____

_____

_____

_____

_____

_____

刀库选型考虑的技术参数包括：

（1）换刀时间短，以减少非加工时间。

（2）减少换刀动作对加工范围的干扰。

（3）刀具重复定位精度高。

（4）识刀、选刀可靠，换刀动作简单。

（5）刀库刀具存储量合理。

（6）刀库占地面积小，并能与主机配合，使机床外观协调、美观。

（7）刀具装卸、调整、维修方便，并能得到清洁的维护。

## 1. 斗笠式刀库

斗笠式刀库结构如图 4-1-1 所示。

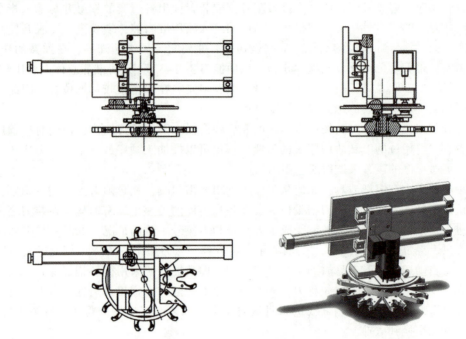

**图 4-1-1　斗笠式刀库结构**

### 1）组成

斗笠式刀库主要由刀盘、气缸、滑座本体、导轨、转盘座、槽轮机构、刀盘电动机、电动机座、刀夹、防护罩组成。

### 2）工作原理

在数控系统接收到换刀的 T 指令信号后，液压系统的换向阀电磁开关动作，控制液压缸内左、右两腔室的压力变化，使得活塞带动推杆运动，此时会观察到斗笠式刀盘主体沿着刀盘导轨移动，靠近主轴，直到主轴上的现有刀具与对应的刀夹水平位置相同时，刀盘横向运动到位，并反馈给控制系统；在接收到到位信号之后，主轴带着上面的刀具向下移动，直到刀柄落入对应的刀夹并夹紧；随后主轴竖直向上移动到最高位置，此时刀盘在电动机的带动下，通过槽轮机构控制 12 工位刀盘转动选刀，接近开关会检测当前的刀具编码数据，如果与所选刀具一致，则刀盘停止转动，主轴再次下移，拾取 T 信号刀具并返回最高位置；液压油路的电磁换向阀再次动作，刀盘整体沿导轨向远离主轴方向移动至初始位置，完成斗笠式刀库的选刀和换刀动作，继续进行数控加工。斗笠式刀盘刀盘主体通过接近开关判断刀具编号，选刀动作通过槽轮机构实现。

斗笠式刀库的结构组成如图 4-1-2 所示。

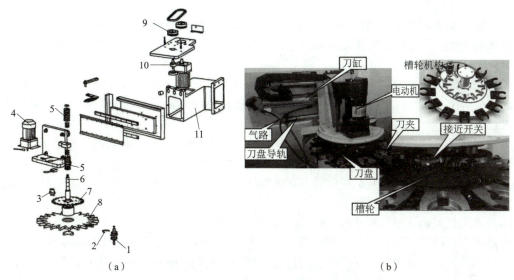

（a）　　　　　　　　　　　　　　　　　　　　（b）

图 4-1-2　斗笠式刀库结构组成

（a）斗笠式刀库组成；（b）斗笠式刀库实物图

1—刀柄；2—刀夹；3—凸轮；4—电动机；5—弹簧；

6—轴体；7—槽轮；8—刀盘；9—带轮；10—轴承；11—电动机箱

斗笠式刀库的换刀动作：换刀时整个刀库向主轴平行移动，先取下主轴上的原有刀具（当主轴上的刀具进入刀库的卡槽时，主轴向上移动脱离刀具），然后在主轴上安装新刀具，此时刀库转动，当目标刀具对正主轴正下方时主轴下移，使刀具进入主轴锥孔内，刀具夹紧后，刀库退回原来的位置，换刀结束。

斗笠式刀库工作原理示意图如图 4-1-3 所示。

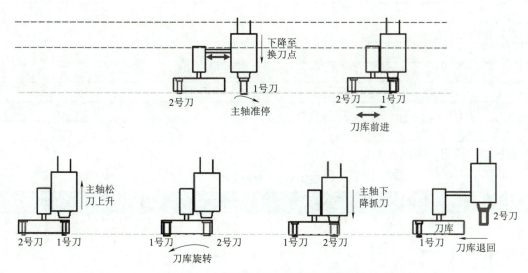

图 4-1-3　斗笠式刀库工作原理示意图

换刀执行以下动作：

（1）刀库处于正常状态，此时刀库停留在远离主轴中心的位置。该位置一般安装有信号传感器（信号传感器（A）），作用是发送信号并输送到数控机床的 PLC 中，对刀库状态进行确认。

（2）数控系统对指令的目标刀具号和当前主轴的刀具号进行分析。如果目标刀具号和当前主轴刀具号一致，则直接发出换刀完成信号；如果目标刀具号和当前主轴刀具号不一致，则启动换刀程序，进入下一步。

（3）主轴沿 Z 方向移动到安全位置。一般安全位置定义为 Z 轴的第一参考点位置，同时主轴完成定位动作，并保持定位状态；主轴定位常常通过检测主轴所带的位置编码器的一转信号来完成。

（4）刀库平行向主轴位置移动。刀库刀具中心和主轴中心线在一条直线上时为换刀位置，位置到达后通过信号传感器（B）反馈信号到数控系统 PLC 进行确认。

（5）主轴向下移动到刀具交换位置。一般刀具交换位置定义为 Z 轴的第二参考点，在此位置将当前主轴上的刀具还回到刀库中。

（6）刀库抓刀确认后，主轴吹气松刀。机床在主轴部分安装松刀确认传感器（C），数控机床 PLC 接收到传感器 C 发送的反馈信号后，确认本步动作执行完成，允许下一步动作开始。

（7）主轴抬起到 Z 轴第一参考点位置。此操作目的是防止刀库转动时，刀库与主轴发生干涉。

（8）刀库旋转使能。数控系统发出刀库电动机正/反转启动信号，启动刀库电动机使其转动，找到指令要求更换的目标刀具，并使此刀具位置的中心与主轴中心在一条直线上。

（9）主轴沿下移到 Z 轴的第二参考点位置进行抓刀动作。

（10）主轴刀具夹紧。夹紧传感器（D）发出确认信号。

（11）刀库向远离主轴中心位置侧平移，直到 PLC 接收到传感器 A 发出的反馈确认信号。

（12）主轴定位解除，换刀操作完成。

- **学生任务**

阐述斗笠式刀库的工作原理。

_____

_____

_____

_____

_____

_____

_____

查找槽轮机构，完成表 4-1-3。

**表 4-1-3　槽轮机构**

| 机构名称 | 组成 | 示意图 | 特点 | 工作描述 | 应用 |
|---|---|---|---|---|---|
| 槽轮机构 | | | | | |

传感器定义，说出任意一种类型传感器，阐述基本原理和作用及使用场景，见表4-1-4。

**表4-1-4 传感器原理、作用及使用场景**

| 传感器名称 | 型号 | 使用场景 | 工作原理 | 作用 | 备注 |
|---|---|---|---|---|---|
|  |  |  |  |  |  |
|  |  |  |  |  |  |
|  |  |  |  |  |  |

3）特点

斗笠式刀库最大的特点就是性价比高、结构简单，换刀时间在8 s以内；适于小批量生产用的数控加工中心；维护、保养简单方便。其缺点是换刀速度慢，刀柄在刀库内时锥面是敞开的，无保护，锥面很容易粘上杂质异物，进而影响刀具重复安装的精度。

4）选型

斗笠式刀库的选型需要考虑刀库的型号（装夹刀柄的尺寸规格）、刀库满载的刀柄数量、最大的外形尺寸、最大刀具长度、最大刀具重量、换刀速度、刀库行程距离和换刀时间。

（1）刀库型号：BT30 \ BT40 \ BT50。

（2）刀库规格：545 \ 250。

例：规格 BT40-16T 545 \ 250，BT40型号刀柄共16把，刀盘直径为φ545 mm，刀库行程为250 mm。

斗笠式刀库安装尺寸技术要求如图4-1-4所示。

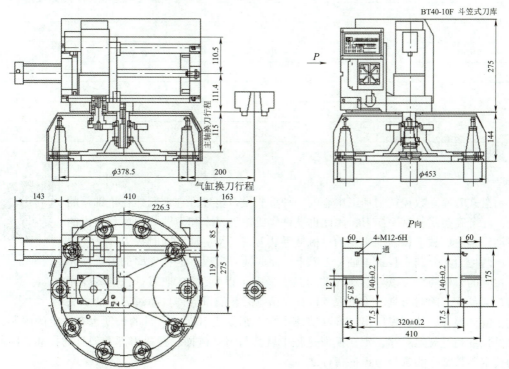

**图4-1-4 斗笠式刀库安装尺寸技术要求**

● 学生任务

斗笠式刀库的选型因素。

_____

_____

_____

_____

_____

_____

_____

_____

_____

_____

● 引导问题

阐述斗笠式刀库的保养要点。

_____

_____

_____

_____

_____

_____

_____

_____

_____

_____

_____

## 2. 圆盘式刀库

### 1）结构

圆盘式刀库是数控铣削加工中心的一种重要换刀装置，它常侧挂在主轴箱的一侧，配合扁担式机械手换刀，因此也被称作机械手刀库和刀臂式刀库。刀库的换刀动作是由机械手臂辅助实现的，机械手从刀库以及主轴上同时拔刀并交换位置后，两把刀具分别安装到主轴和刀库上，完成换刀过程。这种刀库的刀盘尺寸大，相同的刀柄规格可以容纳更多的刀具，最多可以装载 40 把刀具，但需要注意的是圆盘式刀库对刀具的重量限制极其严格，装载的刀具一旦超过刀库的承受范围，就会很容易从刀库甩出，容易造成事故；圆盘式刀库对刀具的长度也有一定的限制，如果刀具长度超过规定尺寸，则在换刀过程中就会与刀具碰撞，造成刀库和刀具的损坏。因此以上的技术参数常作为选型考虑的指标之一。

圆盘式刀库工程图如图 4-1-5 所示。

圆盘式刀库
换刀机械
手图纸—模型

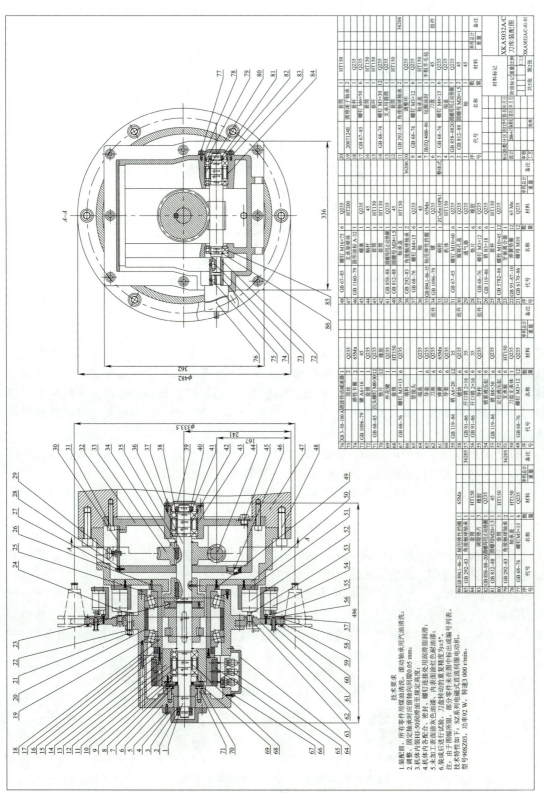

图 4-1-5 圆盘式刀库工程图

如图 4-1-6 所示，圆盘式刀库主要由刀盘、ATC（自动换刀系统）、刀套、刀臂、电动机（刀盘电动机、ATC 电动机）、限位开关、蜗轮蜗杆副和防护罩组成。

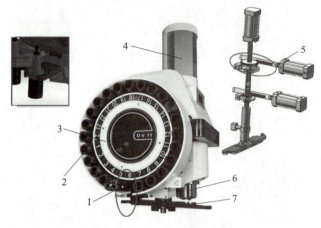

**图 4-1-6　圆盘式刀库**

1—气动推出机构；2—刀套；3—刀盘；4—刀盘电动机；
5—ATC；6—主轴；7—机械手

**2）原理**

在数控系统读取换刀命令后刀盘本体开始旋转，通过编码器检测刀具的刀位号是否为换刀的目标刀具刀位号；当刀具的编码数值与数控系统录入的编码匹配时，液压控制系统会推动该刀具刀夹的空间位置，使得此时刀夹与主轴的轴线相互平行；随后机械手臂转位使机械手分别夹住刀库所需要更换的刀具以及主轴上的刀具，然后拔出。旋转 180°交换两把刀具的位置，最后将换位后的刀具同时插入到刀夹和主轴中，并复位到初始位置。

运行方式是刀盘由电动机驱动，通过蜗轮蜗杆传动实现圆周运动，完成选刀动作；气缸推出刀臂，在气动或电动机的带动下，ATC 运转，刀臂转位，实现换刀动作。

圆盘式刀库机械手运动示意图如图 4-1-7 所示。

**3）换刀步骤**

（1）刀盘选刀。

行程开关检测，确认换刀位的刀套处于水平状态，启动刀盘电动机，通过凸轮传动带动刀盘旋转，执行选刀动作，凸轮每转动一圈，刀盘旋转一个刀位。

（2）预选刀。

刀盘旋转让刀套进入预选刀位时，刀盘电动机提前制动，执行刀盘计数和定位的传感器显示状态为"ON"（操作时看到指示灯为红色），刀盘电动机断电停止，等待 CNC 换刀指令。

**图 4-1-7　圆盘式刀库机械手运动示意图**

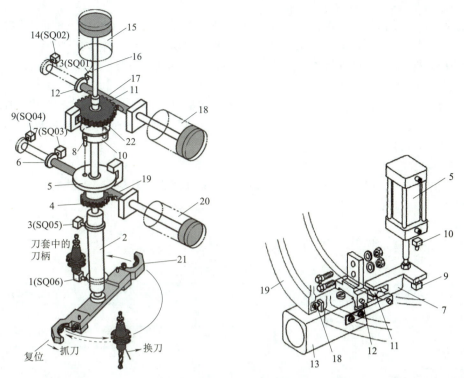

**图 4-1-7 圆盘式刀库机械手运动示意图（续）**

1，3，7，9，13，14—位置开关；2，6，12—挡环；4，11—齿轮；
5，22—连接盘；8，24—销子；10—传动盘；15，18，20—液压缸；
16—轴；17，19—齿条；21—机械手

（3）主轴准停。

完成加工后执行换刀前，主轴上升至换刀点，并且完成主轴准停动作。

（4）倒刀。

CNC 下达换刀指令，液压推杆执行倒刀动作，预选位置的刀套变成水平位置状态，刀套倒刀行程开关检测倒刀到位。圆盘式刀库倒刀机构如图 4-1-8 所示。

**图 4-1-8 圆盘式刀库倒刀机构**

1—平面凸轮；2—机械手；3—刀盘驱动机构；4—刀套

（5）机械手抓刀。

启动 ATC 驱动电动机，换刀机械手刀臂转至抓刀点（主轴和刀库预选刀位同时抓取），当 ATC 制动感应器处于"OFF"状态时，ATC 驱动电动机断电并确认 ATC 抓刀点处于"OFF"状态（注：ATC 使用 PNP 型感应器，感应块是凹入型感应器）。

（6）拔刀动作。

主轴执行送刀动作并确认送刀后，启动 ATC 驱动电动机 M6，ATC 出力轴把刀臂拉下一段距离，执行拔刀动作并旋转 180°后抬起复位；当 ATC 制动感应器再次处于"OFF"状态时，即执行电动机制动，此时应该确认 ATC 抓刀点为"OFF"，即确认刀臂到抓刀点的位置。

（7）机械手复位。

主轴执行锁刀动作并确认后，启动 ATC 电动机 M6，使刀臂回至原点位置；当 ATC 制动感应器再次处于"OFF"状态时，即可执行 ATC 电动机制动，且 ATC 原点感应器为"OFF"状态，确认刀臂位于原点位置。

（8）换刀完成。

电磁阀线圈得电，启动倒刀气缸，执行预选刀位刀套的回刀动作；当执行回刀行程开关 2 显示"ON"后，完成换刀动作。

- 学生任务

概述圆盘式刀库的换刀步骤，填写表 4-1-5。

表 4-1-5　圆盘式刀库的换刀步骤

| 步骤 | 步骤简称 | 内容 | 涉及的功能部件 |
|---|---|---|---|
| 1 | | | |
| 2 | | | |
| 3 | | | |
| 4 | | | |
| 5 | | | |
| 6 | | | |
| 7 | | | |
| 8 | | | |

- 学生任务

阐述机械手臂转位及倒刀机构的工作原理。

_____
_____
_____
_____

（9）选型。

选型需要考虑刀库的型号（装夹刀柄的尺寸规格）、刀库承载的刀柄数量、最大的外形尺寸、最大刀具长度、最大刀具重量和换刀速度。例如，刀库型号：BT40-24T 530 \ 65°，即圆盘刀库能装 BT40 型号的刀柄 24 个，刀具换刀角度为 65°，刀臂长度为 530 mm。

- 学生任务

列出选型考虑的技术参数。

_____
_____
_____
_____

（10）特点。

圆盘式刀库应该称为固定地址换刀刀库，即每个刀位上都有编号，也就是刀号地址。当刀具安装进某一刀位后，不管该刀具更换多少次，总是在该刀位内；一般在换刀位安装一个无触点开关，1 号刀位上安装挡板。每次机床开机后刀库必须"回零"，刀库在旋转时只要挡板靠近（距离为 0.3 mm 左右）无触点开关，数控系统就默认为 1 号刀，并以此为计数基准，"马氏机构"转过几次，当前就是几号刀，只要机床不关机，当前刀号就被记忆。刀具更换时，一般按最近距离旋转原则，刀号编号按逆时针方向，如果刀库数量是 18，当前刀号为 8，要换 6 号刀，则按最近距离换刀原则，刀库是逆时针转；如要换 10 号刀，则刀库是顺时针转。机床关机后刀具记忆清零。值得注意的是加工中心圆盘式刀库的总刀具数量有限制，不宜过多，一般 BT40 刀柄的不超过 24 把，BT50 的不超过 20 把，大型龙门机床也有把圆盘转变为链式结构的，刀具数量多达 60 把。

槽轮机构如图 4-1-9 所示。

（11）换刀动作的控制方式。

①刀库由系统的定位轴来控制。在梯形图中根据指令的 T 码进行运算比较后输出角度和速度指令到刀库伺服，驱动刀库伺服电动机。刀库的容量、旋转速度、加/减速时间等均可在系统参数中设定，此种方式不受外界因素影响，定位准确、可靠，但成本较高。

图 4-1-9　槽轮机构

②刀库由液压马达驱动，有快/慢速之分，用接近开关计数并定位。在梯形图中比较系统存储的当前刀号（主轴上的刀）和目标刀号（预选刀）并运算，再输出旋转指令，同时判断按最短路径旋转到位。这种方式需要足够的液压动力和电磁阀，刀库旋转速度可通过节流阀调整。但使用一段时间后，可能会因为油质、油压、油温及环境因素的变化而影响运动速度和准确性，一般用于无须频繁换刀的大中型机床。

③刀库由交流异步电动机驱动凸轮机构（马氏机构），用接近开关计数，这种方式运行稳定，定位准确可靠，一般与凸轮机械手配合使用，换刀速度快，定位准，主要用于中小型的加工中心。

注：马氏机构是指马耳他机构，是一种间歇运动机构，也称"槽内轮机构"，在电影放映机、自动传送装置中都有应用。槽轮机构的特点是当其主动轮转动一圈时，从动轮会做 1/6 圈旋转，所以传动比是 6∶1；而导销则在槽中滑动，就产生了间接驱动的效果。其中，导销是以切线方向进入与退出导槽，因此在旋转过程中不会发生冲击现象。而主动轮的圆部分可与从动轮的内凹部分接触，使导销不做驱动动作时仍能维持相对的状态。

- 学生任务

根据马氏机构并结合刀盘的运动特点，设计一款驱动 12 工位刀盘的槽轮机构，并画出示意图。

_____

_____

_____

_____

### 3. 换刀辅助装置——机械手

#### 1）扁担式机械手

在数控加工中根据不同的零件加工需要进行设备的选型，根据前面所学我们知道，数控车床主要加工回转类零件，数控铣床可以加工块状毛坯、结构规则但形状复杂的零件，这都需要在一次装夹后实现多道工序的加工，比如车削中外轮廓车刀加工回转侧面、切槽刀加工退刀槽、螺纹刀加工螺纹，这些刀具的更换是可以通过四方刀架自身的转位实现的，不需要额外的辅助装置配合；但是在数控铣削加工中心，如三轴立式数控加工中心，则是用圆盘式的刀库存储刀具，然后通过 NC 代码进行选刀、调刀，在圆盘式刀库的换刀位和主轴之间需要依靠可转位的机械手实现主轴上刀具和刀库中的刀具交换，实现换刀动作，这种可转位机械手就是换刀辅助装置的一种。从这个层面看，只要是能够帮助实现数控加工刀具更换的自动控制下的功能性机械装置，我

圆盘式刀库
换刀机械
手图纸—模型

们都可以将其视为换刀辅助装置，且这种装置多应用于数控加工中心。本书中我们主要考虑的换刀辅助装置是机械手，与之对应的是没有换刀辅助装置的数控换刀单元，这种换刀方式是不用机械手的直接换刀方式，或者在刀库中每把刀配有一个机械手的换刀方式，比如斗笠式刀库，它可以通过刀盘的整体移动，在换刀时靠近主轴，并通过自身的旋转选刀达到主轴刀具与刀库刀具更换的目的。

（1）分类。

①按结构分类。

根据换刀辅助装置的含义，我们将数控铣削加工中心配合的机械手按照结构特点分为单臂式、双臂式、回转式和轨道式，进一步细分为单臂单爪回转式机械手、单臂双爪摆动式机械手、单臂双爪回转式机械手（扁担式机械手）、双爪机械手、双臂往复交叉式机械手、双臂端面夹紧机械手、凸轮式换刀机械手、手爪式机械手、钳形机械手、斜45°机械手和刀库夹爪。

a. 无机械手型。

换刀系统要实现的是刀库和主轴之间的自动刀具交换，即在加工中心运行中，需要某一刀具进行切削加工时，该刀具自动从刀库交换到主轴上，切削完后又自动回到刀库。无机械手换刀系统可移动到主轴位置进行刀具交换。

b. 单臂双爪回转式。

单臂双爪回转式机械手也称为扁担式机械手，其是将主机的动力通过凸轮、连杆、齿轮、间歇机构等传给机械手的一种驱动方式，主要由驱动装置（电动机、液压缸）、传动机构（齿轮齿条）、间歇机构和执行装置（机械手臂、手爪）组成。换刀机械手的换刀动作是通过电动机带动机械臂旋转，同时液压缸中的活塞带动拉杆移动，实现齿轮齿条的啮合传动。机械手在旋转的同时上升或下降，通过电磁阀开关手爪的夹紧与松开，完成换刀的动作。

扁担式机械手的结构如图 4-1-10 所示。

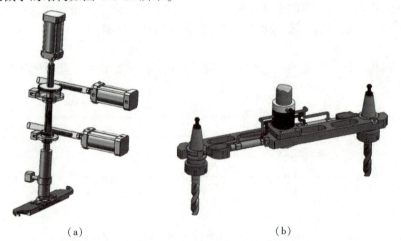

（a）                （b）

**图 4-1-10　扁担式机械手的结构**

（a）扁担式机械手动力系统组成；（b）扁担式机械手

由图 4-1-10 可知，扁担式机械手的手臂上有两个夹爪，一个夹爪执行从主轴上取下主轴刀具并送回刀库，另一个夹爪则执行将从刀库取出的刀具送到主轴上，它是目前加工中心采用较多的一种方式。刀库刀座轴线可以采用与主轴轴线平行或垂直的安装形式。机械手的拔刀、插刀动作靠液压缸驱动来完成，手臂的回转运动通过活塞推动齿条齿轮来实现，手臂的回转角度通过控制活塞的行程来保证。这种由液压缸活塞驱动的机械手应注意以下几个方面：

（a）液压缸活塞的密封不要过紧，否则会影响机械手的正常动作，要保证液压缸既不漏油又动作灵活。

（b）机械手的每个动作结束之前均需要设置缓冲机构，以保证机械手的工作平稳、可靠。缓冲机构可以是小孔节流、针阀、楔形斜槽或外接节流阀等。

（c）尽量减小机械手的惯量，以使机械手工作平稳。

- 学生任务

复述单臂双爪机械手的换刀动作，见表 4-1-6。

_____
_____
_____
_____
_____
_____
_____
_____
_____
_____

表 4-1-6 单爪双爪机械手的换刀动作

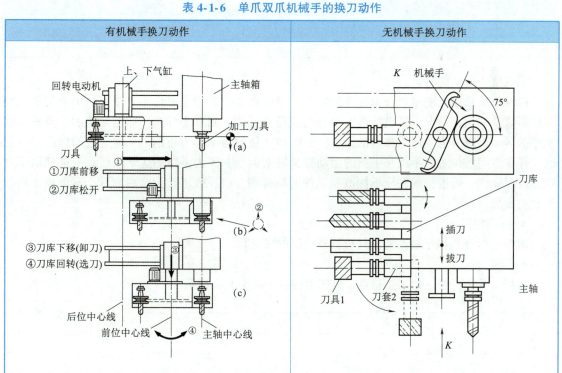

双臂机械手常用结构如图 4-1-11 所示。

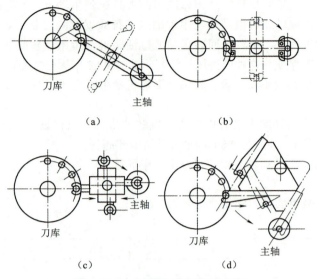

图 4-1-11 双臂机械手常用结构

（a）钩手；（b）抱手；（c）伸缩手；（d）插手

● 学生任务

归纳至少 3 种机械手，完成表 4-1-7。

表 4-1-7 归纳机械手

| 机械手名称 | 结构组成 | 工作原理 | 应用情境 |
| --- | --- | --- | --- |
|  |  |  |  |
|  |  |  |  |

②机械手按功能分类。

机械手按功能上还可以分为喷漆机械手、焊接机械手和搬运机械手。按机械手手臂的不同运动形式及其组合情况，其坐标形式可分为直角坐标式、圆柱坐标式、球坐标式和关节式；机械手的运动可以分为主运动和辅助运动；手臂和立柱的运动称为主运动，因为它们能改变被抓取工件在空间的位置；手腕和手指的运动称为辅助运动，因为手腕的运动只能改变被抓取工件的方位即姿势，而手指的夹放不能改变工件的位置和方位，故不计为自由度数，其他运动均计为自由度数。

● 阅读材料

附件《气动机械手的结构设计分析及控制的研究》。

● 学生任务

辨析工件坐标系、加工坐标系、机床坐标系和笛卡儿坐标系。

_____

_____

_____

_____

_____

③按驱动方式分类。

a. 液压驱动式。

常用的机械手是通过靠接近开关检测实现功能运动，如手的平移、抓刀、拔刀、换刀等动作分别由不同的电磁阀驱动；与此不同，液压驱动式机械手通过液压单元控制，易受液压系统稳定性或检测元件灵敏度等外界因素的影响，常用于无须频繁换刀的大型卧式加工中心。

b. 交流电动机驱动式。

它是由交流异步电动机带动凸轮机构旋转驱动的，整个换刀过程机械手仅在主轴松、拉刀时启动、停止3次，整个换刀动作连贯稳定，运行可靠，换刀时间一般在2 s左右。但对主轴拉、松刀及抓刀位置的准确性要求较高，常用于需频繁换刀的中小型加工中心。

c. 伺服电动机驱动式。

定位精度高，换刀快速、稳定，但成本较高，见表4-1-8。

表4-1-8　机械手驱动方式与特点

| 驱动方式 | | 特点 | | | | | |
|---|---|---|---|---|---|---|---|
| | | 输出力 | 控制性能 | 维修使用 | 结构体积 | 使用范围 | 制造成本 |
| 气压驱动 | | 气压压力低，输出力较小，如需输出力大时，其结构尺寸过大 | 可高速，冲击较严重，精确定位困难。气体压缩性大，阻尼效果差，低速不易控制，不易与CPU连接 | 维修简单，能在高温、粉尘等恶劣环境中使用，泄漏无影响 | 体积较大 | 中、小型专用机械手或机械手都有应用 | 结构简单，能源方便，成本低 |
| 液压驱动 | | 压力高，可获得大的输出力 | 油液不可压缩，压力、流量均容易控制，可无级调速，反应灵敏，可实现连续轨迹控制 | 维修方便，液体对温度变化敏感，油液泄漏易着火 | 在输出力相同的情况下，体积比气压驱动方式小 | 中小型专用机械手或机械手都有应用，中型机械手多为液压驱动 | 液压元件成本较高，油路也较复杂 |
| 电力驱动 | 异步电动机、直流电动机 | 输出力较大 | 控制性能较差，惯性大，不易精确定位 | 维修使用方便 | 需要减速装置，体积较大 | 适用于速度低、抓重大物体的专用机械手 | 成本低 |
| | 步进或伺服电动机 | 输出力较小 | 容易与CPU连接，控制性能好，响应快，可精确定位，但控制系统复杂 | 维修使用较复杂 | 体积较小 | 可用于程序复杂、运动轨迹要求严格的工业机械手 | 成本较高 |

归纳机械手类型与特点，完成表4-1-9。

表4-1-9　机械手类型与特点

| 驱动方式 | | 特点 | | | | | |
|---|---|---|---|---|---|---|---|
| | | 输出力 | 控制性能 | 维修使用 | 结构体积 | 使用范围 | 制造成本 |
| 气压驱动 | | | | | | | |
| 液压驱动 | | | | | | | |
| 电力驱动 | 异步电动机、直流电动机 | | | | | | |
| | 步进或伺服电动机 | | | | | | |

（2）选型。

机械手的可靠性、定位精度、重复定位精度、驱动类型和刀库的类型（盘式刀库用单臂双爪回转式机械手臂、链式刀库用单臂单爪机械手）。

机构可靠性可定义为：机构在规定的使用条件下，在规定的使用期内，精确、及时、协调地完成规定机械动作的能力。

• 学生任务

机械手选型的技术参数。

_____

_____

_____

_____

**2）凸轮式机械手**

凸轮式换刀机械手因其核心部件为弧面凸轮分度机构而得名。机械手爪与手臂部分和扁担式机械手相似，都属于单臂双爪机械手，主要由可旋转的机械手臂与手爪本体组成，其中旋转动作主要由弧面凸轮与分度盘控制。

（1）结构组成。

某圆盘式刀库及机械手的换刀系统，换刀机械手是圆盘式刀库及机械手的核心部件，其主要功能为抓刀、拔刀、主轴与刀库刀具位置互换以及插刀，是整个换刀流程中至关重要的一环。换刀机械手大致可分为三部分，分别为机械手电动机、换刀传动机构以及机械手本体，机械手电动机通过换刀传动机构将动力传递给机械手，由机械手来执行换刀动作。

• 学生任务

总结凸轮式机械手换刀装置的结构组成。

_____

_____

_____

_____

（2）工作原理。

加工中心换刀时需从刀库中选择指定的刀具，主轴头也必须回到换刀位置。从刀库中挑选所需刀具的方法包括顺序选择法、刀座编码法、刀具编码法和刀具刀座跟踪记忆法。其中，刀具刀座跟踪记忆法在加工设备内使用最为方便。刀具编码法适合于 FMS 刀具的集中管理，所以在 FMS 中常将这两种方式混合使用。

首先，根据目标刀号指令，刀库将目标刀号转到倒刀位置后，刀套会在气缸的作用下翻转90°，由水平状态变为竖直状态完成倒刀动作。接下来就需要换刀动作，机械手完成抓刀、拔刀、换刀以及插刀的后续过程，这些流程都是通过换刀传动机构来完成的。它利用锥齿轮的啮合对机械手电动机进行降速，再通过弧面凸轮与端面凸轮组合而成的复合凸轮，将机械手电动机的旋转运动转换为机械手在水平方向的转动与在竖直方向的直线移动相结合的复合运动。换刀传动机构的结构较为复杂，其组成如图 4-1-12 所示。

**图 4-1-12　弧面凸轮换刀传动机构组成**

1—摆杆；2—换刀轴；3—换刀臂；4—啮合滚子；5—平面槽凸轮；6—蜗杆；7—弧面凸轮；8—从动滚子

机械手电动机输出轴通过联轴器与锥齿轮轴相连，锥齿轮轴上的锥齿轮部分与锥齿轮相啮合，锥齿轮通过螺栓与复合凸轮固定连接，这样动力就从机械手电动机传到了复合凸轮。复合凸轮由弧面凸轮和端面凸轮组合而成，花键套上固定的滚子位于弧面凸轮的特定沟槽中，花键套会在弧面凸轮的旋转下根据沟槽的轨迹进行有规律的转动，花键套固定在花键轴上，花键轴通过胀紧套与机械手相连，从而实现机械手的转动过程，即抓刀和刀具交换过程。端面凸轮上也开有特定的沟槽，摇臂一端与花键轴连接，一端连接着滚针，滚针位于端面凸轮的沟槽中，所以端面凸轮的旋转会带着花键轴做上下运动，从而实现机械手的上下移动，即完成拔刀和插刀过程。因此，机械手就完成了巧妙的旋转与上下移动的复合运动。讯号轮与相应检测开关协同作用，提供机械手电动机停止、机械手换刀确认以及机械手原点讯号。

正是因为换刀传动机构需要使机械手完成精密的旋转及上下移动的复合运动，所以对各个零件的配合要求很高，尤其是弧面凸轮与端面凸轮的组合，需要经过精确的计算来确定沟槽的轨迹及两者的相对位置。

弧面凸轮以一定的角速度匀速旋转，通过分度盘带动机械手手臂实现所需的旋转运动，如图 4-1-13 所示。手臂升降的直线平移动作主要由平面沟槽凸轮与摇臂控制。在运动过程中，平面沟槽凸轮的转动会带动摇臂上下摆动，实现机械手手臂的直线升降运动。动力方面弧面凸轮与平面沟槽凸轮由同一个电动机驱动，通过对两个凸轮曲线进行匹配设计，使换刀机械手在一个换刀过程中连续完成换刀动作（抓刀、拔刀、换刀、插刀、退刀）。

①刀爪伸出，抓住刀库上待换的刀具。刀库刀座上的锁板拉开，机械手前移，将刀具从刀库上取下。

②机械手带着刀库上的刀具绕竖直轴逆时针方向摆动90°到与主轴轴线平行位置，另一个抓刀爪伸出抓住主轴上的刀具，然后主轴将刀杆松开。

③机械手前移，将刀具从主轴上取下。

④机械手绕自身水平轴转动180°，将两把刀具交换位置。

⑤机械手后退，将新刀具装入主轴，主轴将刀具锁住；另一侧的刀爪将刀具放回刀库刀座，刀座上的锁板合上。

⑥刀爪回缩，松开主轴和刀库上的刀具，机械手绕竖直轴回摆90°恢复到原始位置。

图 4-1-13　圆弧式凸轮式机械手

(a) 凸轮组；(b) 换刀系统；(c) 换刀轴；(d) 换刀传动机构

机械手是主轴与刀库刀具交换过程中的执行部件。机械手的手爪呈弧形，形状与装夹刀具刀柄的凹槽相吻合，且手爪上固定有定位键，以保证刀柄在机械手上定位的准确性，为换刀正常进行提供保障，而且当刀柄在机械手手爪中固定好位置时，机械手会通过滑动弹簧的预紧力顶住锁紧滑块，进而对刀柄进行锁紧。刀柄会随着换刀过程的需要而锁紧和松开，即机械手在拔刀开始和插刀结束时要松开，在刀具交换过程中要锁紧，具体实现流程如下。

当机械手进行抓刀时，机械手逆时针旋转65°（俯视观察），此时竖直销会被换刀传动机构的端盖压下，弹簧处于压缩状态，锁紧销及滑动弹簧被释放，锁紧滑块松开，此时机械手的手爪抓刀时不会有太大阻力，减少了损伤；抓刀完成后，机械手向下移动进行拔刀，竖直销在弹簧的作用下向上移动回到原位，推动锁紧销向右移，压缩滑动弹簧并顶紧锁紧滑块，使锁紧滑块将刀柄牢牢地固定在机械手手爪上，此过程一直持续整个刀具交换过程。在进行插刀过程中，机械手向上运动，竖直销又会被换刀传动机构的端盖压下，弹簧压缩，锁紧销及滑动弹簧被释放，锁紧滑块松开，完成插刀。锁紧滑块锁紧时，能防止刀柄在刀具交换过程中位置发生偏移甚至掉落，避免发生卡刀或掉刀故障；锁紧滑块松开时，能防止机械手插拔刀过程中产生剧烈冲击，避免对机械手造成损伤。

凸轮式换刀机械手结构如图 4-1-14 所示。

图 4-1-14　凸轮式换刀机械手结构

阐述圆弧凸轮机械手的换刀步骤。

_____

_____

_____

_____

_____

_____

阐述圆弧凸轮机械手的工作原理。

_____

_____

_____

_____

_____

_____

（3）技术参数。

①换刀时间。

加工中心的换刀时间有两种定量，包括刀对刀换刀时间（主轴和刀库刀座都回到换刀点后交换刀具所需的时间）和加工对加工换刀时间（从上一把刀加工结束到刀具交换点后下一把刀进入加工所需的时间）。通常加工中心技术参数中给出的换刀时间是刀对刀换刀时间（或称净换刀时间），目前最快为 0.45 s，一般为 5 s 左右。换刀时间取决于换刀机构（如机械式快于机-液（气）式）、刀柄规格（如小规格刀柄换刀速度快）、刀具重量（如刀具轻换刀速度快）、机床规格、机械手尺寸和惯量等。

②定位精度。

定位精度也是基本参数之一，一般凸轮式机械手的定位精度为±0.5~±1 mm。

③机械手的维护与保养。

在刀库与换刀机械手的维护中，应注意以下几点内容：

a. 不能把超重、超长的刀具装入刀库，防止在机械手换刀时掉刀或刀具与工件、夹具等发生碰撞。

b. 顺序选刀方式必须注意刀具放置在刀库中的顺序要正确；其他选刀方式也要注意所换刀具是否与所需刀具号一致，防止换错刀具导致工程事故。

c. 手动方式往刀库上装刀时，要确保装到位、安装牢靠，检查刀座上的锁紧是否可靠。

d. 日常检查刀库的回零位置是否正确，检查机床主轴回换刀点的位置是否到位，并及时调整，否则不能完成换刀动作。

e. 要注意保持刀具刀柄和刀套的清洁。

f. 开机时，应先使刀库和机械手空运行，检查各部分工作是否正常，特别是各行程开关和电磁阀能否正常动作。检查机械手液压系统的压力是否正常，刀具在机械手上的锁紧是否可靠，发现不正常状况时应及时处理。

根据如图 4-1-15 所示的气压传动图阐述气压传动原理。

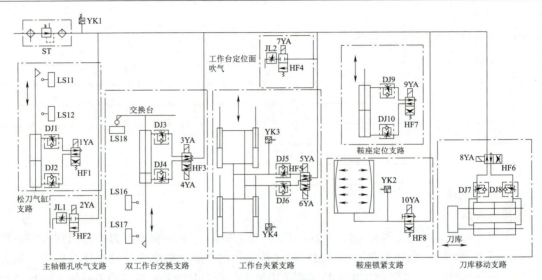

**图 4-1-15　卧式加工中心主轴气压传动结构图**
1，2—感应开关；3—吹气孔；4，6—活塞；5—缸体

## 二、主轴准停

主轴准停装置也称主轴定位装置，是具有自动换刀功能数控机床的重要结构组成，目的是让主轴每次都准确停止在固定的圆周角度上，可以保证每次换刀时主轴上的端面键能准确对准刀夹上的键槽，也可保证每次装刀时刀夹与主轴的相对位置不变，提高了刀具的重复安装精度，保证了零件的加工精度。简单来说，主轴准停也称为主轴定位功能，即当主轴停止时，控制其停止于固定的位置，这是自动换刀功能所必需的。

主轴准停

在加工过程中，为了防止刀具与小阶梯孔碰撞或拉毛已经加工的孔表面，需要先让刀再退刀，而要让刀，刀具必须有准确定位的功能。

• 学生活动
辨析退刀和让刀两个动作。

退刀是指进给运动结束后，加工工具与工件相互离开的过程。

让刀是由于材料刚度较差，即使数控刀具完全准确地按零件设计轮廓走刀，由于加工变形也会产生零件上厚、下薄和尺寸超差的一种现象。

### 1. 结构与分类

在实现的方案上，可以分为机械准停和电气准停两种方式。机械式采用机械凸轮机构进行粗定位，由一个液动或气动定位销进行精定位。完成换刀后，定位销从主轴上的销孔退出，主轴可以再次旋转。电气式是当前主要的准停方式，定位方式有两种：利用磁性传感器检测定位；利用编码器检测定位。

#### 1) 机械准停

机械准停是通过端面螺旋凸轮来控制准停的，它的结构是在主轴上固定一个定位滚子，主轴上空套一个双向端面凸轮，该凸轮和液压缸中的活塞杆相连接，当活塞带动凸轮向下移动时，通过拨动定位滚子并带动主轴转动，当定位销落入端面凸轮的 V 形槽内就完成了主轴的准停动作。因为这是双向端面凸轮，所以能从两个方向拨动主轴转动以实现准停，我们也将其称为双向端面凸轮准停机构，它的动作迅速可靠，但是凸轮的制造比较复杂。

通过主轴电动机内置安装的位置编码器或在机床主轴箱上安装一个与主轴 1∶1 同步旋转的位置编码器来实现准停控制，准停角度可任意设定。

数控机床为了完成 ATC（刀具自动交换）的动作过程，必须设置主轴准停机构，如图 4-1-16 所示。由于刀具装在主轴上，切削时切削转矩不可能仅靠锥孔的摩擦力来传递，因此在主轴前端设置一个凸键，当刀具装入主轴时，刀柄上的键槽必须与凸键对准才能顺利换刀。为此，主轴必须准确停在某固定的角度上。由此可知主轴准停是实现 ATC 过程的重要环节。

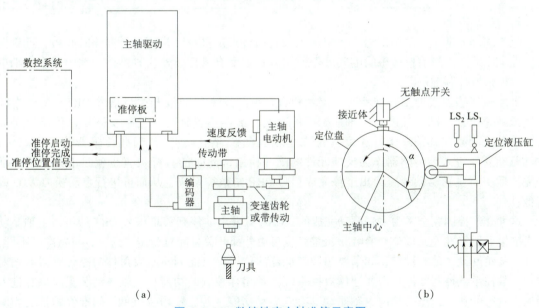

**图 4-1-16　数控铣床主轴准停示意图**
（a）电气准停控制系统；（b）机械准停机构

图 4-1-16 所示为主轴准停机构的机构原理图。主轴前端装有定位块，刀夹插入时其上的缺口必须与定位块对准，使定位块正好与刀夹的缺口相接合，以便于切削加工时传递转矩。当机械手将刀具连同刀夹抓取时，刀夹的缺口位置就由机械手确定，这要求主轴上的定位块每次必须停止在相同的周向位置上，这样才能够顺利地实现刀具的安装。

当机床数控系统发出准停指令时，电气系统自动调整主轴至最低转速；0.2~0.6 s后，定位凸轮的定位器液压缸与压力油接通，活塞压缩弹簧使滚子与定位凸轮的外圆相接触。当主轴旋转使滚子落入定位凸轮的直线部分时，由于活塞杆的移动，与其相连的挡块使微动开关动作，通过控制回路的作用，一方面使主轴传动的各电磁离合器都脱开，而使主轴以惯性慢慢转动，断开定位凸轮定位器液压缸的压力油，在弹簧力的作用下活塞杆带动滚子退回；另一方面间隔0.2~0.5 s之后，定位凸轮的定位器液压缸下腔接通压力油，活塞杆带动滚子移动，使滚子与定位凸轮的外缘相接触，当主轴以惯性转动使滚子落入定位凸轮上的 V 形槽内时，即将主轴定位，同时微动开关动作，发出主轴准停完毕信号。

当将刀具连同刀夹装入主轴并使主轴重新转动时，先发出信号控制换向阀使凸轮的油路变换，将定位器滚子从定位凸轮的 V 形槽中退出，同时使微动开关动作发出主轴准停定位器释放信号。

● 学生活动

阐述机械准停系统的结构及工作原理。

_____

_____

_____

_____

_____

_____

2）电气准停

电气准停通常应用于中高档数控机床中，它的特点是机械结构简单，准停时间短，可靠性强，性价比较高。当前机床中的电气准停使用方式主要有磁传感器主轴准停、编码器型主轴准停和数控系统控制准停。

采用磁传感器实现主轴准停时，接触到数控系统发来的准停开关量信号 ORT，主轴立即加速或减速至某一准停速度，主轴达到准停速度，准停位置到达，且磁发体与磁传感器对准时，主轴立刻减速到某一爬行速度（可在主轴驱动装置中设定），当此传感器信号出现时，主轴驱动立即进入磁传感器作为反馈元件的闭环控制，此时的目标位置也就是准定位置。准停完成后，有主轴驱动装置输出准停完成信号 ORE 给数控系统，从而可进行自动换刀 ATC 或其他动作。

这种准停控制完全是由主轴驱动完成的，CNC 只发出准停开关量信号 ORT 即可，主轴驱动完成准停后回答准停完成信号 ORE。准停角度可由外部开关量随意设定，这一点与磁准停不同，磁准停的角度无法随意设定，如果要想调整准停的位置，只能调整磁发射体与磁传感器的相对位置。数控系统控制准停，需要让该数控系统具备闭环控制的功能，主轴驱动装置应该有进入到伺服状态的功能，也就是说主轴驱动具有软启动功能，若位置增益过低，则准停的精度和刚度是不能满足条件的；而位置增益过高，会产生严重的定位振荡现象。因此，必须使主轴驱动进入到伺服状态，此时特性与进给伺服装置相近，进而实现位置控制。

需要注意的是无论采用哪一种准停方案，在主轴上安装元件时均应注意动平衡，若主轴转速增加的是不平衡量，则会引起主轴的振动。因此在机床交付使用前需要进行动平衡测试。

主轴电气准停原理图如图 4-1-17 所示。

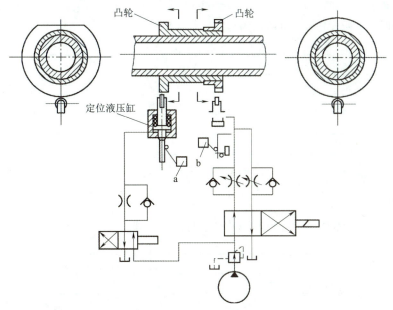

图 4-1-17　主轴电气准停原理图

- 学生活动

阐述电气准停系统的结构及工作原理。

_____

_____

_____

_____

_____

_____

### 2. 准停故障分析与处理

AVL 经济型数控机床针对主轴不能准确停止在正确位置上的故障，依据电气型主轴准停系统的工作原理，分析其可能的故障原因如下：

（1）在旋转部件和固定部件上安装的接近开传感器即准停接近开关检测信号，位置发生变动，导致采集的信号发生变化，因而不能准确准停。通常可以通过改变主轴准停参数来调整准停角度，控制准停的指令信号是 M19。

（2）主轴发生机械状态的变形，出现弯曲，需要检测主轴的动静平衡。

（3）检查主轴电动机与轴体弹性联轴器处是否校准，需要测量联轴器是否平衡。

- 学生活动

总结准停故障产生的机械原因及解决对策。

_____

_____

_____

_____

_____

_____

辨析主轴准停与主轴定向（M19）的异同。

_____

_____

_____

_____

_____

## 三、主轴拉紧机构

● 学生任务

分别阐述抓刀爪拉紧型、钢球拉紧型的拉紧与松开原理。

_____

_____

_____

_____

_____

_____

### 1. 铣床主轴工作原理（拉紧刀柄）

数控铣床主轴组件由活塞、拉杆、碟形弹簧、螺旋弹簧及钢球或抓刀爪组成，主轴装在主轴箱内，拉刀机构装在主轴内。拉刀机构采用碟形弹簧与液压控制装置来实现松刀和拉刀动作。铣刀装于主轴下端的锥孔内，主轴通过主轴箱内的主轴电动机带动旋转，以实现对工件的铣削加工。

松刀时，即需要换刀，将刀具连同刀柄从主轴锥孔中取出。油缸活塞位于主轴的上端，松刀时，液压缸收到松刀信号，压力油随即通入液压缸上油腔，即将拉刀入油孔的压力油放出，在松刀入油孔打入说明书中给定压力值的压力油，此时，油缸活塞与松刀压环接触并推动松刀压环及压柱、拉杆、抓刀爪等延轴向压缩碟形弹簧组向主轴前端方向移动，拉杆移动并打开拉爪，碟形弹簧组在拉杆下移的过程中使碟形弹簧组产生很大的弹性变形，油缸压力达到 12 MPa 左右才能打开主轴拉爪，当感应盘达到松刀位置，松刀感应开关取到信号后，完成整个松刀动作。

拉刀时，液压缸收到拉刀信号，压力油在两位四通阀的控制下没有油压，液压油缸上腔接回油，下腔接压力油，将松刀入油孔的压力油放出，压力油和螺旋弹簧使活塞向上移动，碟形弹簧组受到的油缸推力卸去，碟形弹簧组在自身弹力的作用下带动拉爪、拉杆、松刀压环、压柱、油缸活塞等向主轴尾端方向移动，直至碟形弹簧组恢复到未受油压缸推动前的位置及状态，同时依靠碟形弹簧组自身的弹力拉住拉爪，此时刀具已夹紧，但松刀环与油缸活塞尚未脱离，需在松刀压力油放出的同时向拉刀入油孔打入 4 kg/cm 以上的压力油，使油缸活塞与松刀环脱离，完成整个夹刀动作。刀具的刀柄完全是依靠蝶形弹簧组产生的拉紧力进行夹紧的，避免工作时因突然停电造成刀柄自行脱落。油缸活塞的上下移动设有两个极限位置，装有行程开关，用于发出刀柄松开和夹紧信号。当夹紧时，油缸活塞下端的活塞端部与拉杆的上端面间应留有一定的间隙，大约为 4 mm，避免主轴旋转时造成端面摩擦。

数控铣床主轴模型如图 4-1-18 所示。

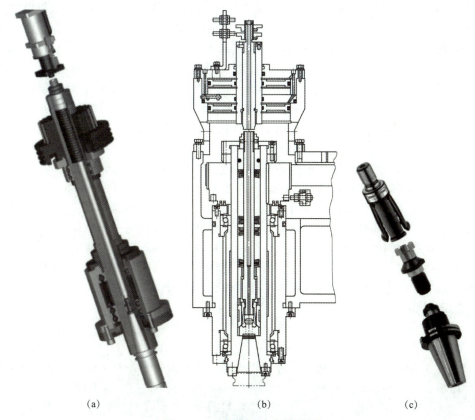

（a）            （b）          （c）

**图 4-1-18　数控铣床主轴模型**

（a）钢球限位式；（b）拉刀爪限位式；（c）刀柄、拉钉与拉刀爪位置关系

### ● 学生任务

观看刀柄卸载的微课视频，观察主轴部件的动作，写出卸载刀柄主轴内的动作原理。

_____

_____

_____

_____

_____

_____

　　YL-1506 型主轴属于拉刀爪类型，主轴的装刀与卸刀动作是由刀具自动夹紧装置完成的，YL-1506 型主轴主要是通过拉刀爪对刀柄上拉钉实现拉紧动作的，将加工使用的刀具安装在刀柄内，通过旋动端盖控制卡簧的锁紧力，将装有刀具的刀柄安装在主轴上，这主要是依靠轴向拉紧机构控制拉刀爪的开合实现松刀、紧刀动作。拉刀爪与主轴内的推杆通过螺纹连接，拉刀爪爪瓣之间存在间隙，可以调整对刀柄拉钉的锁紧力。由于主轴芯棒内部腔室的截面积不同，故处于锁紧状态时，因主轴芯棒内腔的限制作用，爪瓣呈闭合状态；需要松开刀柄，卸下刀具时，由推杆推动拉刀爪轴向移动至腔室截面较大的位置，侧壁空间增加，爪瓣张开，不再约束拉钉，使刀具顺利卸下。

　　为了使刀夹在主轴孔内准确定位，固定在主轴上的定位螺钉、配合端面的轴向定位面及 7/24 的莫氏锥度具有调节轴心重合的作用，以达到轴向定位的目的。这里的夹紧力主要是由碟形弹簧提供的，由碟形弹簧的弹力决定；当需要松开刀柄时，主轴后端的液压缸提供反向动力，克服碟形弹簧的弹力做功，拉刀爪轴向移动，由于主轴芯棒内壁的径向尺寸存在变化，故对拉刀爪的约束越来越小，最终不再约束，拉刀爪没有弹性变形，对拉钉的约束消失，刀柄可以卸下。此时液压缸的工作原理是：电磁换向阀控制液压缸的油路，液压缸右腔进油，在液压差的作用下活塞带动连杆左移，拉杆跟随移动，此时碟形弹簧被压缩，拉杆上面的定位套筒移动，拉刀爪进入套筒的大直径部分，使得刀夹由拉紧状态变为放松状态，且当拔出刀夹时，拉刀爪不再约束拉钉，刀柄不再受夹紧力并可以从主轴中取出。卸刀完成后，主轴拉杆在碟形弹簧的作用下复位。

刀柄的清洁装置：在卸刀过程中伴随高压气体的吹出，经垫圈的径向孔进入主轴前端弹簧夹头内，将夹头内的脏物或铁屑吹掉，保证弹簧夹头与刀夹的锥形接触面洁净。

卸荷装置：液压缸与连接座固定在一起，连接座由螺钉紧固在箱体上，中间有浮动弹簧，两者为滑动配合。当液压缸的右腔进入高压油后，活塞带动拉杆向左压缩碟形弹簧，同时液压缸的右端面也承受相同的液压力，因此，整个液压缸连同连接座压缩弹簧向右移动，使得连接座上的垫圈右端面与主轴上的螺母左端面压紧。这样，松开刀柄时对碟形弹簧的液压力就成了在活塞杆、液压缸、连接座、垫圈、螺母、碟形弹簧、套筒、拉杆之间的内应力，主轴不至于受液压推力而损坏。

**小提示**

扫一扫下方二维码，通过刀柄夹紧的微课视频，观察主轴部件的动作，了解安装刀柄主轴内的动作原理。

**数控铣床主轴拉紧装置**

数控铣床主轴拉紧机构如图 4-1-19 所示。

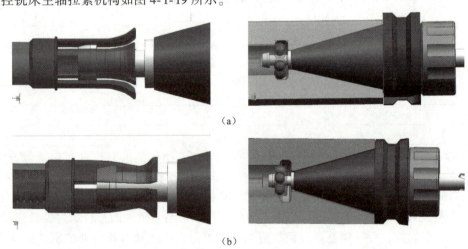

（a）

（b）

**图 4-1-19 数控铣床主轴拉紧机构**

（a）松开状态；（b）拉紧状态

刀柄由主轴抓刀爪夹持，碟形弹簧通过拉杆、抓刀爪，在内套的作用下将刀柄的拉钉拉紧，当换刀时，要求松开刀柄，此时将主轴上端气缸的上腔通压缩空气，活塞带动压杆及拉刀爪向下移动，同时压缩碟形弹簧。当拉杆下移到使抓刀爪的下端移出内套时，卡爪张开，拉杆将刀柄顶松，刀具可以由机械手或刀库拔出；待新刀装入后，气缸的下腔通压缩空气，在碟形弹簧的作用下，活塞带动抓刀爪上移，抓刀爪拉杆进入内套，将刀柄拉紧。活塞移动的两个极限位置分别设有行程开关，作为刀具夹紧和松开的信号。

### 2. 故障分析与解决

根据主轴拉紧机构的组成，从机械结构的角度分析主轴刀具不能夹紧的原因，主要有以下几点：

（1）碟形弹簧位移量太小，使主轴抓刀、夹紧装置无法到达预定位置，导致刀具无法夹紧。

（2）弹簧夹头损坏，使主轴夹紧装置无法夹紧刀具。

（3）碟形弹簧失效，使主轴抓刀、夹紧装置无法运动到达预定位置，刀具无法夹紧。

（4）刀柄上拉钉过长，顶撞到主轴抓刀、夹紧装置，使其无法运动到达预定位置，刀具无法夹紧。

铣床主轴拉紧故障及解决方案见表 4-1-10。

表 4-1-10　铣床主轴拉紧故障及解决方案

| 故障现象 | 故障原因 | 解决方案 | 备注 |
|---|---|---|---|
| 主轴刀具不能夹紧 | 碟形弹簧位移量太小，使主轴抓刀、夹紧装置无法到达预定位置 | 调整碟形弹簧行程长度 | |
| | 弹簧夹头损坏，断裂失效 | 更换新弹簧夹头 | |
| | 碟形弹簧失效，使主轴抓刀、夹紧装置无法运动到预定位置 | 更换新碟形弹簧 | |
| | 拉钉过长，顶撞到主轴抓刀、夹紧装置，使其无法运动到预定位置 | 调整/更换拉钉 | |

### 3. 主轴拉刀故障排除

设计主轴拆卸操作步骤（通过实际拆装操作，达到更换部件的目的），解决故障。

• 学生活动

列出检查与组件拆卸方案，填入表 4-1-11 中。

表 4-1-11　检查与组件拆卸方案

| 序号 | 使用工具 | 内容详情 | 维修内容 | 备注 |
|---|---|---|---|---|
| STEP1 | | | | |
| STEP2 | | | | |
| STEP3 | | | | |
| STEP4 | | | | |
| STEP5 | | | | |

• 学生任务

至少查找一种主轴端面的形状类型（刀柄的种类与特点）。

任务小结

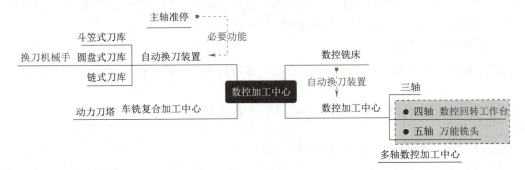

• 学习任务小结

新知识记录：_____

新技能记录：_____

小组协作体会：_____

任务评价

任务综合目标评价表见表4-1-12。

表4-1-12　任务综合目标评价表

| 班级 | | | 姓名 | | 学号 | | |
|---|---|---|---|---|---|---|---|
| 序号 | 评价内容 | 具体要求 | | 完成情况 | | | 成绩 |
| 1 | 知识目标（40%） | 掌握数控铣削加工中心自动换刀装置的类型 | | 优□　良□　中□　差□ | | | |
| | | 掌握斗笠式刀库的结构与工作原理 | | 优□　良□　中□　差□ | | | |
| | | 掌握圆盘式刀库的结构与工作原理 | | 优□　良□　中□　差□ | | | |
| | | 掌握单臂双爪机械手的结构和工作原理 | | 优□　良□　中□　差□ | | | |
| | | 掌握凸轮式机械手的结构与工作原理 | | 优□　良□　中□　差□ | | | |
| | | 掌握主轴准停的工作原理 | | 优□　良□　中□　差□ | | | |
| | | 了解数控铣床主轴装、卸刀柄的工作原理 | | 优□　良□　中□　差□ | | | |
| 2 | 能力目标（40%） | 能够辨析数控铣床和数控加工中心 | | 优□　良□　中□　差□ | | | |
| | | 能够进行数控加工中心的日常保养与维护 | | 优□　良□　中□　差□ | | | |
| 3 | 素质目标（20%） | 养成精益求精的工匠精神 | | 优□　良□　中□　差□ | | | |

课后测试与习题

1. HSK 刀柄与 ER 型刀柄相比具有（　　　）的特点。

　A. 长度较短　　　　　　　　　　　　　B. 质量更轻

　C. 以空心锥体和端面定位　　　　　　　D. 完全消除了轴向定位误差

　**答案：ABCD**

2. 加工中心上采用 7/24 锥度的 BT 刀柄实现刀具与机床主轴连接结构的优点包括（　　）。

    A. 连接刚度高                        B. 可靠性高

    C. 减小刀具的悬伸量               D. 可实现快速装卸刀具

    **答案：BCD**

    注：半个多世纪以来，加工中心上一直采用 7/24 锥度的 BT 刀柄实现刀具与机床主轴的连接。标准的 7/24 锥面连接有许多优点，如：可实现快速装卸刀具；刀柄的锥体在拉杆轴向拉力的作用下，紧紧地与主轴的内锥面接触，实心的锥体直接在主轴的锥孔内支撑刀具，可以减小刀具的悬伸量；只有一个尺寸需加工到很高的精度，所以成本较低而且可靠。

3. 加工中心上采用 7/24 锥度的 BT 刀柄实现刀具与机床主轴连接结构的缺点包括（　　）。

    A. 换刀速度较慢                      B. 主轴的动平衡较低

    C. 刀具稳定性差                      D. 连接刚度低

    **答案：ABCD**

    BT 刀柄的连接性能主要有以下不足：

    （1）主轴与刀柄不能实现与主轴端面和内锥面同时定位，导致连接刚度低，尤其是在高转速下，由于离心力的作用，主轴锥孔的大端扩张量大于小端扩张量，使得刀柄和主轴的接触面积减少，工具系统的径向刚度、定位精度下降。

    （2）在高速旋转（特别是转速超过 8 000 r/min 后）及离心力的作用下，刀柄向外的扩张量与主轴孔的扩张量差异明显，而且在孔口部位扩张量的差异要大于刀柄尾部，在拉杆的作用下，刀柄向后移动导致轴向位置发生变化，影响了加工精度和刀具稳定切削条件，并且主轴停车后，刀柄和主轴径向弹性回复，容易使刀柄卡死在主轴中，很难拆卸。

    （3）主轴的膨胀还会引起刀具及夹紧机构质心的偏离，从而影响主轴的动平衡。

    （4）刀柄为实心长锥柄结构，因此质量大，在加工中心上应用时换刀速度较慢，导致非加工时间较长。

4. 数控铣床主轴组件由_____、_____、_____、_____组成。

    **答案：活塞；拉杆；蝶形弹簧；钢球或抓刀爪**

5. 数控铣床主轴应该具有（　　）功能。

    A. 刀具自动夹紧      B. 自清洁      C. 自动卸载荷      D. 准停

    **答案：ABC**

6. （　　）是主轴准停功能在数控加工中的作用。

    A. 曲面加工      B. 螺纹加工切削      C. 换刀和让刀      D. 测量工件时

    **答案：BC**

7. 具有电气准停功能的主轴，在运行刀具交换子程序时没能实现主轴准停功能，下列原因分析中错误的是（　　）。

    A. 主轴端面键脱落

    B. 脉冲编码器或磁性传感器检测信号反馈线断开

    C. 主轴轴承损坏，导致主轴转不动

    D. 主轴上脉冲编码器或磁性传感器失效

8. 属于机械定位方式的主轴准停机构包括（　　）。

    A. 主轴编码器检测定位式                  B. 机械凸轮机构

    C. 光电盘方式准停机构                   D. 磁性传感器式准停机构

    **答案：BC**

9. 加工中心设置主轴准停机构的目的是（　　）。

A. 使主轴准确停在某固定的角度上 B. 为退刀做准备

C. 为让刀做准备 D. 使刀柄上的键槽必须与凸键对准

答案：ACD

10. 下列属于电气准停装置优点的是（ ）。

A. 可简化机械结构 B. 缩短准停时间

C. 提高准停可靠性 D. 较机械准停装置价钱更贵

答案：ABC

11. 凸轮式换刀机械手的核心驱动部件是（ ）。

A. 齿轮齿条 B. 蜗轮蜗杆

C. 弧面凸轮与分度盘 D. 马氏机构

答案：C

12. 凸轮式换刀机械手拔刀与插刀动作的直接驱动零件是（ ）。

A. 换刀臂 B. 平面槽凸轮 C. 弧面凸轮 D. 摆杆

答案：B

13. 气压太高会造成机械手换刀速度过（ ）。

A. 慢 B. 快 C. 低 D. 小

答案：B

14. 在分析机械手换刀中途停止原因时，下列说法错误的是（ ）。

A. 主轴里刀具没放松 B. 机械手油缸漏油

C. 主轴没准停 D. 刀具不在交换位置

答案：B

15. （ ）刀库和机械手的定位精度要求较高，转塔不正位、不回零的现象占很大的比例。

答案：F

16. 以下属于数控铣削加工中心换刀辅助装置的是（ ）。

A. 扁担式机械手 B. 单臂双爪回转式机械手

C. 斜45°机械手 D. 凸轮式换刀机械手

答案：ABCD

17. 斜45°机械手的驱动机构是（ ）。

A. 蜗轮蜗杆 B. 锥齿轮传动 C. 齿轮齿条 D. 槽轮机构

答案：ABCD

18. 具有自动换刀装置的主轴应该具备（ ）功能。

A. 自动卸载功能 B. 自动拉紧机构 C. 主轴准停 D. 无级调速

答案：C

19. 在数控加工中，编程时使用的坐标系是指（ ）。

A. 大地坐标系 B. 笛卡儿坐标系 C. 机床坐标系 D. 工件坐标系

答案：D

20. （ ）数控铣削加工中，如果要求保证零件加工表面与某不加工表面之间的相互位置精度，则应选此不加工面为粗基准。

答案：T

## 任务描述

随着数控技术加工零件形状越来越复杂，普通数控铣床已经越来越不能满足加工要求，故多轴数控加工技术应运而生。与普通数控铣床相比，多轴数控机床有独特的功能模块，在数控设备选型时需要了解其主要参数并能够完成选型任务。

- 知识目标

（1）掌握多轴数控加工中心的概念。

（2）掌握数控回转工作台的结构与工作原理。

（3）了解五轴联动的技术优势。

- 能力目标

（1）能够辨识多轴数控加工中心的类型。

（2）能够辨析数控回转工作台和分度台。

- 素质目标

具备技术资料查阅的意识。

多轴加工数控
转台运动示例

## 任务实施

在"数控加工实训"以及"数控编程"课程中我们了解到，机械加工主要指利用数控车床、铣床，通过减材制造加工的手段达到完成生产任务的目的。此外，也了解到数控车削加工适用于轴类、盘类的回转体；数控铣削加工适用于块状毛坯，且加工的工件上带有曲线轮廓、直线、圆弧、螺纹或螺旋曲线，特别是加工具有参数化曲线特征轮廓的情况。观察任务中的图纸，可见产品几何形状属于后者，同时还兼有多组曲面形状特征，这种产品既与普通的回转类零件有区别，同时还有普通数控铣床无法满足加工要求的特殊曲面特征，故机床的选型尤为关键。下面我们通过分析数控机床的结构与适用范围来确定该零件的选型方案。结合本课程的学习目标，本次任务的主要内容如下：

（1）掌握机床结构组成。

（2）掌握精度检测原理。

（3）能够进行机床主要精度的检测。

（4）能够选用合适的工具与检具。

（5）规范操作，执行 6S 标准。

- 引导问题

请根据图 4-2-1 中的零件产品选用合适的数控机床用于加工生产。

_____

_____

_____

_____

_____

_____

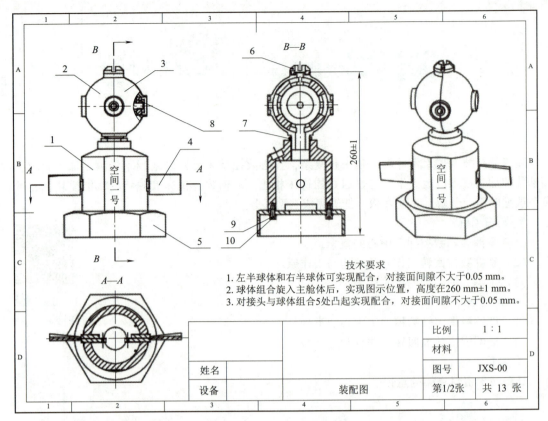

| | | | | |
|---|---|---|---|---|
| | | | 比例 | 1:1 |
| | | | 材料 | |
| 姓名 | | | 图号 | JXS-00 |
| 设备 | | 装配图 | 第1/2张 | 共 13 张 |

技术要求

1. 左半球体和右半球体可实现配合，对接面间隙不大于0.05 mm。
2. 球体组合旋入主舱体后，实现图示位置，高度在260 mm±1 mm。
3. 对接头与球体组合5处凸起实现配合，对接面间隙不大于0.05 mm。

图 4-2-1　技能比赛任务图纸

　　前面我们已经学习过数控车床、数控铣床主要适用于加工回转类零件和具有曲线轮廓类的零件，两者都是通过高速回转的主运动与进给运动相配合，使得刀具相对毛坯运动，实现切削加工，获得所需的产品形状与尺寸的。

　　观察加工的零件，其具有相对复杂的曲面；分析使用的刀具包括多把，如由立铣刀、球刀、钻孔刀等，用以完成诸如粗加工、半精加工、精加工，以及钻孔、攻螺纹的加工；加工表面有多个，需要尽可能在一次装夹中完成多道工序。为了便于加工，具有自动换刀装置的数控铣床是优先选用的设备，而自动换刀装置是区别于数控铣床与数控加工中心的关键。因此，本次任务涉及了数控加工中心。

　　此外，由于加工产品的形状复杂，故对数控加工中心的功能也提出了更高的要求，比如加工参数化曲面，需要引入机床多轴联动的功能以满足加工需要。因此在三轴数控铣床的基础上加入回转轴或摆动轴的多轴数控机床是符合要求的设备。这里按照机床控制轴数的不同又细分为三轴数控加工中心和多轴数控加工中心，其中以五轴联动数控加工中心为目前机械加工领域、数控机床中的高新技术产品，这些都为机床的选型提供了技术基础。

　　数控机床的分类如图 4-2-2 所示。

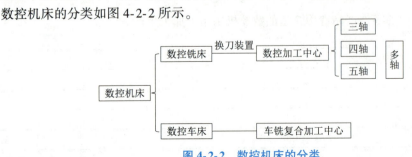

图 4-2-2　数控机床的分类

### 一、概念

如前所述，我们通常把带有自动换刀装置的数控铣床称为数控铣削加工中心，这有助于实现一次装夹完成多道工序。与之类似的是在数控车床上，拓展主轴功能、增加自动换刀装置刀具动力旋转功能，即数控车削加工中心。数控加工中心的种类多样，各类型加工中心的具体结构组成如下。

#### 1. 三轴数控铣削加工中心

立式三轴数控铣削加工中心结构组成如图4-2-3所示，其主要包括基础件如床身、立柱及主轴箱、平衡块、工作台，功能组件如主轴、十字滑台，此外还包括电气控制模块、检测反馈元件、液压气动系统。主轴是带动刀柄及附属刀具做高速回转运动的功能模块；十字滑台带动的工作台上开设有多组 T 形槽，便于工装夹具的安装与定位，从而实现带动夹具中的毛坯做平面内的进给运动。此外，立柱侧方悬挂的盘式刀库可容纳多达十几把甚至几十把的刀具，是自动换刀功能的重要组成模块，以实现一次装夹完成多道工序的目的。

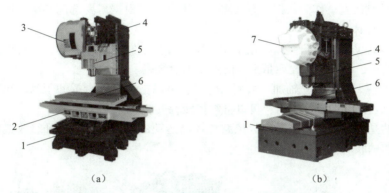

（a） （b）

图 4-2-3　立式三轴数控加工中心结构组成

（a）圆盘式刀库换刀装置；（b）皇冠式刀库换刀装置

1—机床底座；2—拖板；3—侧挂式刀库；4—立柱；5—主轴箱；6—工作台；7—皇冠式刀库

带有防护罩的立式三轴数控加工中心如图4-2-4所示。

图 4-2-4　带有防护罩的立式三轴数控加工中心

● **学生任务**

如何判断一款数控铣床是数控加工中心还是普通数控铣床？

## 2. 四轴数控加工中心

加工中心通常指的是带有自动换刀装置的数控机床，一般工件在空间上未定位时，有六个自由度，$X$、$Y$、$Z$ 三个线性位移自由度及与其对应的 $A$、$B$、$C$ 三个旋转位移自由度。通常我们所说的三轴加工中心是指通过 $X$、$Y$、$Z$ 三个线性轴，分别对物件进行加工；四轴数控加工中心就是在三轴的基础上增加了 $A$ 旋转轴，即在 $X$、$Y$、$Z$、$A$ 四个位移自由度上，对物件进行加工。

四轴数控加工中心和普通三轴数控铣床相比多了一个旋转轴，可以实现三个线性运动和一个回转运动复合的联动加工，也可以进行定向数控加工，一般认为其是由三轴数控铣床加装一个数控回转工作台得到的。此外，根据回转工作台的位置可以分为 $A$ 轴/$C$ 轴作为回转轴，同时，数控转台作为机床的附件，可以单独购买，适用于数控机床的升级改造。需要说明的是回转运动也是进给运动的一种。此外，按照数控机床主轴的空间位置，其又可以分为卧式和立式两种，如图 4-2-5 所示。这种数控加工中心具有以下特点：

（1）价格相对便宜。作为数控机床的附件，用户可以根据需要选配，或者通过机床升级改造拓展加工适用范围。

（2）装夹方式灵活。用户可以根据工件的特点选择不同的装夹方式，既可以选配三爪形式的自定心卡盘装夹，也可以选配四爪形式的单动卡盘装夹。

（3）拆卸方便。当只需三轴加工大型工件时，可以把数控转台拆卸下来，充分利用机床的加工工作区域；当需要四轴加工时，可以将数控转台安装到工作台上。

需要注意的是，数控转台也是由数控系统控制运动的，因此在机床升级改造的同时数控系统也必须具有四轴联动控制功能。

(a)            (b)            (c)

**图 4-2-5　四轴数控转台及加工中心**

（a）卧式数控转台；（b）立式数控转台；（c）立式四轴数控加工中心

## 3. 五轴数控加工中心

万能角度头式五轴数控机床作为高档数控机床的一种，主要用于加工大型叶轮、叶片或重型发电机转子、汽轮机转子、船用螺旋桨等带有曲面的复杂工件，因此在航空航天、汽车、军工等领域应用广泛。

### 1）多轴加工中心的精度检验

加工中心本身的精度包括几何精度、定位精度和切削精度三个方面。

加工中心的几何精度检验，又称静态精度检验，它综合反映了机床关键零部件经组装后的综合几何形状误差。常用的检测工具有精密水平仪、直角尺、平尺、千分表、测微仪、高精度检验棒及千分表座，检测工具的精度必须比所测的几何精度高一个公差等级，否则测量的结果不能作为验证评价依据。

数控铣床几何精度的检测内容见表 4-2-1。

表 4-2-1　数控铣床几何精度检测内容

| 序号 | 精度检测项目 | 检测工具选用 |
|---|---|---|
| 1 | 工作台面的平面度 | |
| 2 | 各坐标轴移动时的相互垂直度 | |
| 3 | $X$ 坐标方向移动时工作台面的平行度 | |
| 4 | $Y$ 坐标方向移动时工作台面的平行度 | |
| 5 | $X$ 坐标方向移动时工作台面 T 形槽侧面的平行度 | |
| 6 | 主轴的轴向窜动 | |
| 7 | 主轴孔的径向圆跳动 | |
| 8 | 主轴箱沿 $Z$ 坐标方向移动时主轴轴心线的平行度 | |
| 9 | 主轴回转轴心线对工作台面的垂直度 | |
| 10 | 主轴箱在 $Z$ 坐标方向移动时的直线度 | |

加工中心的定位精度是指机床各坐标轴在数控装置控制下运动所能达到的位置精度，也就是数控机床的运动精度。普通机床由手动进给，定位精度主要取决于读数误差和机械传动误差，而加工中心各轴的运动是依靠数字程序指令实现的，其定位精度取决于数控系统误差和机械传动误差。

数控铣床定位精度检测内容见表 4-2-2。

表 4-2-2　数控铣床定位精度检测内容

| 序号 | 精度检测项目 | 示意图 |
|---|---|---|
| 1 | 各直线运动轴的定位精度和重复定位精度 | |
| 2 | 直线运动各轴机械原点的复位精度 | |
| 3 | 直线运动各轴的反向传动误差 | |
| 4 | 有回转工作台的检测转台的定位精度和重复定位精度 | |
| 5 | 回转运动的反向传动误差 | |
| 6 | 回转轴原点的复位精度 | |

五轴机床一般是在普通三轴机床的基础上附加了两个旋转轴，又称为 3+2 轴。按照旋转轴的类型，五轴机床可以分为三类：双转台五轴、双摆头五轴、单转台单摆头五轴。旋转轴分为两种：使主轴方向旋转的旋转轴称为摆头，使装夹工件工作台旋转的旋转轴称为转台。按照旋转轴的旋转平面分类，五轴机床可分为正交五轴和非正交五轴。

五轴联动加工中心也叫五轴加工中心，是一种科技含量高、精密度高、专门用于加工复杂曲面的加工中心，这种加工中心系统对一个国家的航空、航天、军事、科研、精密器械、高精医疗设备等行业有着举足轻重的影响力；其是用来加工叶轮、叶片、船用螺旋桨、重型发电机转子、汽轮机转子、大型柴油机曲轴等的唯一手段；五轴联动加工中心有高效率、高精度的特点，工件一次装夹即可完成复杂的加工；能够适应像汽车零部件、飞机结构件等现代模具的加工；可以适用的加工范围包括异型加工、镂空加工及打孔、打斜孔、斜切等。"五面体加工中心"则是类似于三轴加工中心，只是它可以同时做五个面，但是它无法做异型加工、打斜孔和切割斜面等。

与四轴数控加工中心相似，五轴联动数控机床意味着有五个坐标轴，即三个线性坐标轴和两个旋转坐标轴，可以作为进给运动作用于数控加工中。在计算机数控系统可以控制的条件下，机床是可以实现五个坐标轴的同步运动，或定向加工的一种高端数控装备。五轴数控加工中心是在三个线性轴运动的基础上增加了两个旋转轴，可以是 $A$ 轴和 $C$ 轴，也可以是 $B$ 轴和 $C$ 轴，这需要根据机床具体的结构判断，常见的类型主要包括一回转一摆头类型、双回转类型以及双摆头类型。

这里的回转运动功能部件可以有多种类型，机床选型人员可以根据实际需要结合各类型的特点选型，利用回转工作台实现回转运动，也可以通过改进机床主轴的结构实现刀轴相对毛坯矢量的变化，又或者兼有两者的特征。其中数控转台是重要的组成，它的结构直接影响机床的加工控制形式。

注：该机床通常用来加工形状复杂的零件，往往需要使用多把刀具才能完成加工的需要，这样数控机床都带有自动换刀系统及刀库，因此也称为加工中心。

- 学生任务

数控加工中心的精度检测需要用的工具与检具有哪些？如何进行检测？

_____

_____

_____

_____

_____

_____

_____

### 2）五轴数控双转台

其两个旋转轴均属转台类，$B$ 轴旋转平面为 $YZ$ 平面，$C$ 轴旋转平面为 $XY$ 平面。一般两个旋转轴结合为一个整体构成双转台结构，放置于工作台面上。

特点：主轴的刚性强、结构简单、制造成本低；加工过程中工作台旋转并摆动，但加工工件的尺寸受转台尺寸的限制，工作台尺寸小，承载能力有限，特别是当 $A$ 轴回转角度大于 90°时会对工作台带来很大的承载力矩，适合加工体积小、重量轻的工件；主轴始终为竖直方向，刚性比较好，可以进行切削量较大的加工。

由运动的传递顺序可知，两个旋转轴中远离工件的那个旋转运动，其旋转轴线方向在运动过程中保持不变，是为定轴；另一个轴，也就是紧靠工件的旋转轴，其旋转轴线方向随着运动过程而变化，称为动轴。这种结构的机床承载能力一般，加工范围较小，刚性介于双摆头和单转台单摆头五轴机床之间。

加入数控回转工作台的五轴联动数控加工中心，可以不去变化主轴，利用工作台的摆动角度代替主轴刀轴矢量的变化。因为两个旋转轴均在工作台上，工件加工时由工作台带动旋转，因此要考虑装夹承重，这也给加工工件尺寸带来了一定的限制。该类型机床适合小型涡轮、叶轮及精密模具的加工。

其进给运动不再是简单的线性运动，而是加入了回转运动，且结构会有所变化，包括以滚珠丝杠螺母副为主的线性进给运动、以蜗轮蜗杆传动方式为主的回转运动都是多轴数控加工中心进给运动的形式，对应的结构模块是数控回转工作台，如摇篮式回转工作台，它是多轴数控机床特有的结构模块。

五轴数控加工中心转台类型见表4-2-3。

表 4-2-3　五轴数控加工中心转台类型

| 俯垂型数控回转工作台 | 双转台式数控回转工作台 |
|---|---|
| 立式五轴联动数控加工中心 | |
| 摇篮式五轴联动数控加工中心 | 俯垂型五轴联动数控加工中心 |

- 引导问题

请查阅资料，说明数控转台的工作原理。

_____

_____

_____

3）数控回转工作台

将三轴数控机床的十字滑台用数控回转工作台代替，可以实现数控铣床的升级改造，即将三轴机床改装成四轴数控加工中心，扩大了加工零件形状的适用范围。数控回转工作台的结构如图4-2-6所示。

数控回转工作台
装配图纸—模型

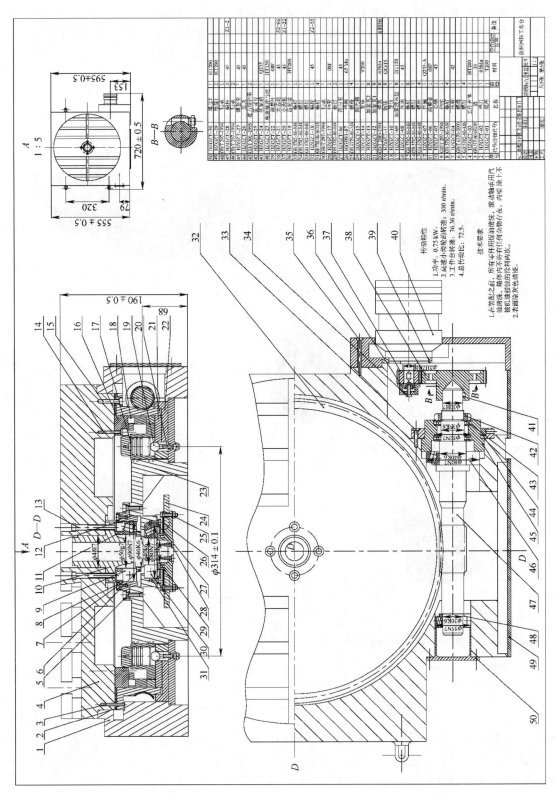

图 4-2-6 数控回转工作台结构

（1）分类。

高精度分度控制形式有开环、全闭环和半闭环三种类型；机床分度系统的分度形式主要有蜗轮蜗杆式、机械分度盘式、端齿分度盘式和电动机直驱式等，而在精度要求较高的场合中，往往设计全闭环控制系统，对传动链末端元件的位置进行跟踪反馈，利用光栅尺、圆光栅、时栅、位置检测编码器等精密位移检测元件，配合各类形式的机械分度机构，补偿分度装置传动累积误差，从而达到高精度的分度水平。

- **引导问题**

回转工作台的精度检测与定位控制是如何实现的？

_____

_____

_____

（2）原理。

分度装置在回转过程中，通过伺服驱动器发送脉冲，驱动电动机带动蜗杆旋转，蜗轮蜗杆运动副中的蜗轮被带动，分度台工作面转动；电动机旋转方向则通过 DIR 信号控制，转动速率由每秒钟发送的脉冲数控制，电动机角位移总行程取决于发送的总脉冲数。

闭环控制通常采用高分辨率的光栅反馈系统；在分度形式上，核心分度元件主要有蜗轮蜗杆、齿轮齿条、槽轮、机械分度盘、端齿盘和直驱电动机等（分度蜗轮分度精度高）；机床分度系统形式多样，其中常见的精密分度机构主要有蜗轮蜗杆式分度（带反馈）、机械分度盘式分度以及端齿分度盘式分度。

蜗轮蜗杆式分度具有自锁功能，在蜗轮蜗杆啮合的过程中，如果设计的蜗杆螺旋升角小于啮合面处的当量摩擦角，则具有自锁功能，无须额外增加锁紧机构。

端齿分度是机械分度领域中分度精度最高的分度形式，它具有结构紧凑、无角位移空行程及分度稳定、准确等优点，在超精加工和角度测量等领域具有不可代替的地位。

螺旋齿轮分度结构组成如图 4-2-7 所示。

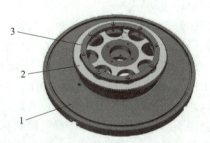

**图 4-2-7　螺旋齿轮分度结构组成**

1—圆台面；2—标准齿轮下端面；3—压环

（3）传动误差分析。

蜗杆是分度转台中除分度齿轮外，对分度精度影响最大的元件，如图 4-2-8 所示。当蜗杆制造精度一定时，安装精度便成为影响转台分度精度的最重要因素。蜗杆一般靠安装在蜗杆轴两端的轴承定位，轴承则通过箱体或轴承座上的轴承孔进行过渡或过盈配合，实现蜗杆整体的安装定位。在安装过程中如果轴承与轴承孔之间存在轴向安装间隙或者轴承和蜗杆之间有微量的窜动，都会影响蜗杆与蜗轮运动的平稳性和准确性，进而对分度定位精度产生干扰。蜗轮蜗杆在传动中，根据实际工作环境、润滑条件等会设定最大啮合侧隙、最小啮合侧隙和标准侧隙。但在实际装配过程中，由于无法实时检测调整蜗轮蜗杆安装间隙，工人师傅通常依据以往安装经验来安装，极易造成安装侧隙不当，影响运动精度和平稳性。侧隙的存在使得蜗杆驱动分度轮转动，通常为单边啮合，即啮合的一对或多对轮齿一侧齿面参与啮合，另一侧齿面与被动轮仍留有一定间隙，这会造成蜗轮蜗杆在启动和换向过程中产生一段"空行程"，直接影响分度定位精度，具体表现为分度测量结果出现明显"回差"。

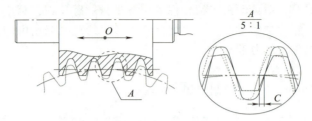

**图4-2-8　蜗杆的轴向间隙对传动精度的影响**

● 学生任务

数控转台的传动误差如何补偿？

_____

_____

_____

_____

_____

（4）分度台与数控转台。

数控分度盘只能固定角度分度（使用时是固定状态，转到位后锁紧工作；精度低；不可以直接使用，需要固定在机床工作台上使用）；数控转台一般最小转动单位是千分之一度，也就是$0.001°$，可以与其他轴做插补运动（使用时可以与其他轴联动，精度高；可以直接作为机床的工作台使用；工作时，利用主机的控制系统或专门的控制系统，完成与主机相协调的、各种必需的分度回转运动）。

数控转台也是数控回转工作台。数控回转工作台是数控铣床的常用部件，常作为数控铣床的一个伺服轴，即立式数控铣床的 $C$ 轴和卧式数控铣床的 $B$ 轴。

①工作原理不同：一般数控回转工作台是靠工作台转动来完成加工的，主要适用于板类与箱体类工件的连续回转加工和多面加工，由数控系统控制。分度工作台除了靠工作台转动来完成加工以外，还可以定位某一角度，来完成工件纸带、镗孔和攻丝等工作。

②功能不同：数控回转工作台可同机床联动，增量为 $0.001°$，如转速、功率、扭矩能达到车削的要求，可实现车削功能。分度工作台只能实现分度功能。

③结构不同：数控回转工作台用于加工有分度要求的孔、槽和斜面，加工时转动工作台，则可加工圆弧面和圆弧槽等。分度工作台不能实现圆周跟进运动，故结构上两者有所不同。

（5）数控回转工作台。

数控回转工作台是各类数控镗铣床和加工中心的关键配套附件，可以工作台水平方式安装于主机工作台上，用于主机的第四轴，或直接作为机床的工作台使用。转台在主机相关控制系统的控制下，可实现等分和不等分的孔、槽或者连续特殊曲面的加工，且可保证很高的加工精度。

（6）分度盘。

分度盘是将工件夹持在卡盘上或两顶尖间，并使其旋转、分度和定位的机床附件。按其传动、分度形式可分为蜗杆副分度盘、度盘分度盘、孔盘分度盘、槽盘分度盘、端齿盘分度盘和其他分度盘（包括电感分度盘和光栅分度盘）；按其功能可分为万能分度盘、半万能分度盘、等分分度盘；按其结构形式又有立卧分度盘、可倾分度盘、悬梁分度盘。分度盘作为通用型机床附件，其结构主要由夹持部分、分度定位部分和传动部分组成。分度盘主要用于铣床，也常用于钻床和平面磨床，还可放置在平台上供钳工划线用。分度盘主要有通用分度头和光学分度头两类。数控分度盘广泛用于铣床、钻床及加工中心，配合工作母机四轴操作界面，可做同步四轴加工。

综合来说，数控分度头作为数控加工中心主要的附件之一，在性能方面进一步提高了制动力矩、主轴转速及可靠性。数控转台提高了工作台转速和转台的承载力。

常用数控机床附件见表4-2-4。

表4-2-4　常用数控机床附件

| 分度台 | 数控回转工作台 |
| --- | --- |
| 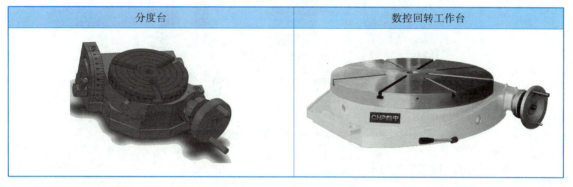 | |

- **学生任务**

辨析数控回转工作台与分度盘。

_____

_____

_____

_____

_____

**4）双摆头五轴主轴**

转摆主轴头作为五轴机床的核心部件，主要由主轴和转摆头两大功能部件组装而成，其中主轴部件直接参与切削加工，转摆头部件实现转轴（$C$轴）和摆轴（$A$轴）的耦联运动，用于转摆姿态的调整。转摆主轴头的结构形式按空间布局的不同分为摆叉型和偏置型，如图4-2-9所示。两个旋转轴均属摆头类，$B$轴旋转平面为$ZX$平面，$C$轴旋转平面为$XY$平面，两个旋转轴结合为一个整体构成双摆头结构。

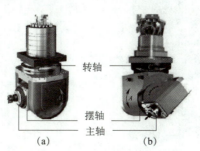

图4-2-9　五轴加工中心转摆主轴头

（a）摆叉型；（b）偏置型

摆叉型主轴头结构紧凑，外形尺寸较小，可以加工曲率半径较大的工件，但开口式的叉形结构导致刚性较低，常配置于龙门式机床上。

偏置型主轴头的主轴中心线与转轴中心不重合，结构不对称，因此外形尺寸较大，适宜于加工曲率半径较小的工件，刚性较好，多应用于固定式的机床上。

转摆主轴头的传动方式主要有蜗轮蜗杆传动、齿轮传动和力矩电动机直驱传动，如图 4-2-10 所示。因为由双摆头式五轴联动数控立式铣床的摆头控制刀轴变换矢量方向，因此工作台几乎没有变化，承载力并没有削弱，该类型的机床可以加工较大尺寸的工件。

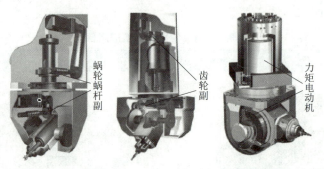

**图 4-2-10　多轴加工中心用转摆头驱动结构示意图**

常见的五轴数控机床类型见表 4-2-5。

**表 4-2-5　常见的五轴数控机床类型**

| 类型 | 俯垂型数控转台 | 摇篮式数控转台 |
|---|---|---|
| 双摆台式 | | |
| | 双摆头型 | 俯垂型 |
| 双摆头式 | | |

| | |
|---|---|
| 一转台一摆头式 |  |

高档五轴数控加工中心还会引入在线测量检测装置，如测头和无线球杆仪等。同时为了满足高速切削的需要，主轴的结构也有一定的差异，以满足高转速下的回转精度与稳定性。因此主轴结构常以电主轴直接传动、主传动电动机通过带轮/皮带带动主轴回转的类型为主，但如果是万能摆头俯垂式主轴的数控加工中心，则主轴在满足高速回转的要求下，同时能够控制并改变刀轴的矢量方向。

使用蜗轮蜗杆传动的特点是传动比大、传动平稳、噪声低，可以自锁但容易磨损，导致传动精度保持性差；相比于蜗轮蜗杆，齿轮传动式的主轴不易磨蚀，传动效率高，但传动系统的整体尺寸偏大，结构不紧凑。使用力矩电动机直驱传动的形式克服了中间传动环节由于弹性变形、反向间隙、摩擦振动、响应滞后等导致的多种误差，具有结构紧凑、定位精度高、响应速度快和可靠性高等优点；但依然存在发热量大、不自锁、负载扰动不足等问题。不过凭借其良好的精度和动态性能，在高性能数控主轴头中应用广泛。

一摆台一摆头式五轴联动数控立式铣床兼有以上两者的特点，两个旋转轴分别在主轴和工作台上，可装夹尺寸适中的工件，通过主轴的摆动，可灵活改变刀轴方向；装配有直接驱动的数控工作台和摆动主轴，结构简单，精度高。因为使用双边轴承能够提升刚度，同时可以使用液压装夹，这使得摆动头满足在 10°～110° 内有效摆动。也正是由于摆动角度有效工作范围的存在，因此在五轴联动数控加工中心应用时要注意避免超程。此外五轴数控加工中需要刀轴矢量的变化，还应注意加工不到和过切问题。图 4-2-11 所示为 XKR40 五轴联动机床三维结构。

**图 4-2-11　XKR40 五轴联动机床三维结构**

● 学生任务

辨析五轴数控加工中心的结构类型与特点。

_____

_____

_____

_____

（1）车铣复合数控加工中心。

车铣复合数控加工中心集成了车削和铣削的加工特点，除具备普通车削加工功能外，还可以通过该设备特有的动力刀头实现铣削功能，配合 C 轴和定向准停功能，可以加工非对称回转类零件、斜面和曲线轮廓，能够实现一次装夹完成多道工序。此外，双主轴车铣复合数控加工中心具有自动掉头装夹的功能，保证加工精度，且适用范围广、加工效率高。

车铣复合数控加工中心实物如图 4-2-12 所示。

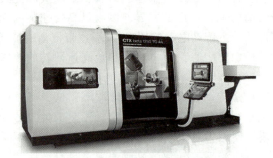

**图 4-2-12　车铣复合数控加工中心**

（2）多轴数控加工中心。

一般认为加工中心的运动轴数多于三个的统称为多轴数控加工中心。它是在三轴数控加工中心的基础上增加旋转轴，实现更复杂零件的加工装备，其中四轴加工中心只引入一个回转轴，一般由数控分度头充当，结构、类型根据第四轴的位置可以分为 A 轴或 B 轴转台；五轴数控加工中心引入两个旋转轴，其结构种类也更加复杂，常见的类型主要包括一回转一摆头类型、双回转类型以及双摆头类型。根据加工时最多能够同时运动的轴的数量分类，如加工叶轮的五轴数控机床可以同时实现四轴联动，又可称为五轴四联动数控加工中心，目前高端机床有七轴五联动数控加工中心。需要注意的是多轴联动的数控机床表示在加工过程中最多会有超过三个轴同时复合运动，但联动的轴数一定不会多于机床本身可运动的轴数。

● 学生任务

与三轴数控铣床对比，归纳总结多轴数控机床的结构特点，并填入表 4-2-6 中。

**表 4-2-6　多轴数控机床的结构特点**

| 机床类型 | 结构类型 | 特点 |
| --- | --- | --- |
| 三轴数控铣床 | | |
| 四轴数控加工中心 | | |
| 五轴数控加工中心 | | |
| | | |
| | | |

● 引导问题

为什么一次装夹完成多道加工工序能够提高加工精度？

_____

_____

_____

_____

（3）多轴数控加工中心的其他分类。

①加工中心按主轴在空间所处的状态分为立式加工中心和卧式加工中心。加工中心的主轴在空间处于垂直状态的称为立式加工中心；主轴在空间处于水平状态的称为卧式加工中心；主轴可做垂直和水平转换的，称为立卧式加工中心或五面加工中心，也称复合加工中心。

②按加工中心运动坐标数和同时控制的坐标数分，有三轴二联动、三轴三联动、四轴三联动、五轴四联动和六轴五联动等。三轴、四轴是指加工中心具有的运动坐标数，联动是指控制系统可以同时控制运动的坐标数，从而实现刀具相对工件的位置和速度控制。

③按工作台的数量和功能分，有单工作台加工中心、双工作台加工中心和多工作台加工中心。

④按加工精度分，有普通加工中心和高精度加工中心。普通加工中心，分辨率为 1 μm，最大进给速度为 15~25 m/min，定位精度为 10 μm 左右；高精度加工中心，分辨率为 0.1 μm，最大进给速度为 15~100 m/min，定位精度为 2 μm 左右；介于 2~10 μm 之间的，以 ±5 μm 较多，可称为精密级。

● 学生任务

根据本次课程的教学情境，分析加工产品的设备选型依据，并给出至少一种具体机床类型。

_____

_____

_____

机床类型与运动轴判定的方法可以使用笛卡尔定则判断，右手笛卡尔直角坐标系如图 4-2-13 所示。

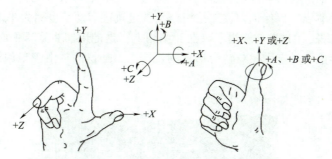

图 4-2-13　右手笛卡尔直角坐标系

（4）多轴数控技术的难点与重点。

多轴联动数控技术是世界性的研究热点与难点之一，国内外对多轴数控技术的研究主要集中在四个方面：

①前瞻控制，在保证高精度、高速加工的同时，提前发现轨迹突变，并对进给速度进行合理规划，以使加工尽可能平稳。

②NURBS 曲线、曲面插补，许多复杂形状的零件是通过三维造型软件的 CAM 模块，以微小的直线段拟合、逼近，近似加工出来的。CNC 能够直接对复杂的自由曲线或自由曲面进行插补，这样可以大大减少加工代码的程序量，而且可大幅提高加工效率及加工质量。

③RTCP（Rotation Tool Center Point）功能针对五轴数控机床，系统 CNC 可自主解析由于旋转运动产生的直线轴微小位移并实时做出补偿，而无须利用 CAM 软件为特定机床及不同刀具尺寸生成专用数控加工代码，大大提高了数控加工程序的通用性。

④三维刀具补偿可实现刀具在空间内的补偿，这样数控程序就不需要随着刀具的磨损而离线更新。

⑤保持刀具最佳切削状态，改善切削条件。

刀具切削状态的变换如图 4-2-14 所示。

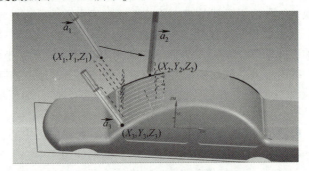

图 4-2-14　刀具切削状态的变换

当切削刀具向顶端或工件边缘移动时，切削状态逐渐变差，而要在此处也保持最佳切削状态，就需要旋转工作台。如果我们要完整加工一个不规则平面，就必须将工作台以不同方向旋转多次。可以看见，五轴机床还可以避免球头铣刀中心点线速度为 0 的情况（避免静点切削），以获得更好的表面质量。

⑥避免刀具干涉。因为刀轴矢量是变化的，因此在退刀时需要避免与工件发生干涉。

（5）五轴特有的 RTCP 功能。

RTCP 是五轴加工中的一种计算功能、一种算法，即在计算刀尖点轨迹及刀具与工件间的姿态时，因为回转运动而产生刀尖点的附加运动。数控系统控制点往往与刀尖点不重合，因此数控系统要自动修正控制点，以保证刀尖点按指令及既定轨迹运动，也称为 TCPM、TCPC、RPCP 功能。严格意义上来说，RTCP 功能用于双摆头结构上，是使用摆头旋转中心点来进行补偿的。而类似于 RPCP 功能主要是应用在双转台形式的机床上，补偿的是由于工件旋转所造成的直线轴坐标的变化。

五轴 RTCP 功能示意图如图 4-2-15 所示。

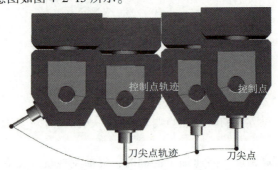

图 4-2-15　五轴 RTCP 功能示意图

RTCP 功能的出现可以使操作工不必把工件精确地与转台轴心线对齐，随便装夹，机床自动补偿偏移，大大地减少了辅助时间，提高了加工精度。同时后处理制作简单，只要输出刀尖点坐标和矢量就行了。

具体来说，如在双回转工作台的五轴数控机床结构中，第四轴的转动会影响到第五轴的姿态，第五轴的转动则无法影响第四轴的姿态，因为第五轴是在第四轴上的回转坐标。

双回转工作台坐标轴示意图如图 4-2-16 所示。

第4轴控制点
第5轴控制点

图 4-2-16 双回转工作台坐标轴示意图

机床第 4 轴为 A 轴，第 5 轴为 C 轴。工件摆放在 C 轴转台上，当第 4 轴 A 轴旋转时，因为 C 轴安装在 A 轴上，所以 C 轴姿态也会受到影响。同理，对于放在转台上面的工件，如果我们对刀具中心切削编程的话，转动坐标的变化势必会导致直线轴 X、Y、Z 坐标的变化，产生一个相对的位移。而为了消除这一段位移，势必要对其进行补偿，RTCP 就是为了消除这个补偿而产生的功能。

机床是如何对这段偏移进行补偿的呢？我们知道由于是旋转坐标的变化导致了直线轴坐标的偏移，故重点就在于分析旋转轴的旋转中心。对于双转台结构机床，C 轴也就是第 5 轴的控制点通常在机床工作台面的回转中心，而第 4 轴通常选择第 4 轴轴线的中点作为控制点。数控系统为了实现五轴控制，RTCP 功能开启时需要让机床知道第 5 轴控制点与第 4 轴控制点之间的关系，即初始状态（机床 A、C 轴 0 位置），第 4 轴控制点为原点的第 4 轴旋转坐标系下，第 5 轴控制点的位置向量 $[U, V, W]$。同时还需要知道 A、C 轴轴线之间的距离。可以看出，对于有 RTCP 功能的机床，实现刀具中心始终与编程的刀具路径一致。

在这种情况下，编程是独立的，是与机床运动无关的编程。当开启 RTCP 功能编程时，不用担心机床运动和刀具长度，只需要考虑刀具和工件之间的相对运动，余下的工作依靠 RTCP 算法实现。开启该功能后控制系统只改变刀具方向，刀尖位置仍保持不变，X，Y，Z 轴上必要的补偿运动已被自动计算进去。RTCP 开启指令（SIEMENS 中是判断联动处理数据输出 TRAORI 开启）通常已经在 CAM 系统的 CNC 程序中被调用，而 CNC 程序中仅包含了所要趋近的 X/Y/Z 点及描述刀具方向的方向矢量 A、B、C，也就是说，CNC 程序仅包含几何和刀具方向数据。

RTCP 功能开启后的刀具控制状态如图 4-2-17 所示。

而没有 RTCP 功能的五轴编程需要考虑主轴的摆长及旋转工作台的位置，必须依靠 CAM 编程和后处理技术才能完成 NC 代码的实现，并且没有 RTCP 功能的五轴机床在装夹工件时需要保

图 4-2-17　RTCP 功能开启后的刀具控制状态

证工件在其工作台回转中心的位置。对操作者来说，这意味着需要大量的装夹找正时间，且精度得不到保证，即使是做分度加工，操作上也很复杂。这在带有 RTCP 功能的五轴只需要设置一个坐标系，即只需要一次对刀就可以完成加工。

- 学生任务

与传统三轴数控加工相比，多轴数控加工技术有何优势。

_____

_____

_____

_____

## ✎ 理论与技能测验

1. 多轴加工准确地说应该是多坐标联动加工，一般认为超过（　　）轴的数控机床都属于多轴数控机床。
   A. 一　　　　　　　B. 二　　　　　　　C. 三　　　　　　　D. 四
   答案：C

2. 一般认为五轴数控机床是（　　）个线性轴和（　　）个旋转性轴联动的数控机床。
   A. 2；2　　　　　　B. 3；1　　　　　　C. 2；3　　　　　　D. 3；2
   答案：D

3. 多轴数控加工具有的特点是（　　）。
   A. 提高加工质量　　B. 加工复杂零件　　C. 提高加工精度　　D. 减少装夹次数
   答案：ABCD

4. 五轴数控加工中心机床，能够使主轴方向旋转的旋转轴称为（　　）。
   A. 定轴　　　　　　B. 动轴　　　　　　C. 摆头　　　　　　D. 转台
   答案：C

5. RTCP 是五轴加工中的一种特殊的计算功能，目的是_____、_____。
   答案：计算刀尖点轨迹；自动修正控制点与刀尖点重合

6. 回转工作台分为分度台和数控转台，其中_____的作用是完成工件的转位。
   答案：分度头

7. 数控回转工作台的驱动机构是（　　）。

A. 蜗轮蜗杆　　　　　B. 锥齿轮传动　　　　　C. 齿轮齿条　　　　　D. 马氏机构

答案：A

8. 具备数控回转工作台的加工中心，加工转台在主机相关控制系统的控制下，可实现（　　）的加工。

A. 曲轴

B. 连续特殊曲面

C. 带有导流槽的叶轮

D. 不等分的孔/槽

答案：BD

9. 属于数控回转工作台在加工中的主要功能的是（　　）。

A. 换向加工　　　　B. 特定角度加工　　　　C. 螺纹孔加工　　　　D. 曲轴加工

答案：AB

10. 数控回转工作台与分度工作台在功能的主要差异是（　　）。

A. 数控回转工作台可以等分圆周

B. 分度台不能实现圆周给进运动

C. 分度台可以等分圆周

D. 回转工作台不能实现圆周给进运动

答案：BC

## 任务小结

• 学习任务小结

新知识记录：＿＿＿＿＿＿＿＿＿＿＿＿＿＿＿＿＿＿＿＿＿＿＿＿＿＿＿＿＿＿＿＿＿＿＿＿＿＿

新技能记录：＿＿＿＿＿＿＿＿＿＿＿＿＿＿＿＿＿＿＿＿＿＿＿＿＿＿＿＿＿＿＿＿＿＿＿＿＿＿

小组协作体会：＿＿＿＿＿＿＿＿＿＿＿＿＿＿＿＿＿＿＿＿＿＿＿＿＿＿＿＿＿＿＿＿＿＿＿＿

## 任务评价

任务综合目标评价表见表 4-2-7。

表 4-2-7　任务综合目标评价表

| 班级 | | | 姓名 | | 学号 | | |
|---|---|---|---|---|---|---|---|
| 序号 | 评价内容 | 具体要求 | | | 完成情况 | | 成绩 |
| 1 | 知识目标（40%） | 掌握多轴数控加工中心的概念 | | | 优□　良□　中□　差□ | | |
| | | 掌握数控回转工作台的结构与工作原理 | | | 优□　良□　中□　差□ | | |
| | | 了解五轴联动技术的优势 | | | 优□　良□　中□　差□ | | |
| 2 | 能力目标（40%） | 能够辨识多轴数控加工中心的类型 | | | 优□　良□　中□　差□ | | |
| | | 能够辨析数控回转工作台和分度台 | | | 优□　良□　中□　差□ | | |
| 3 | 素质目标（20%） | 具备技术资料查阅的意识 | | | 优□　良□　中□　差□ | | |

## 任务拓展

以大连机床厂 VDL-600 型立式加工中心为例，阐述整机校验内容和步骤。

_____

_____

_____

_____

## 课后测试与习题

1. 数控机床中作为一种旋转式测量元件，用于检测旋转计数的装置是（    ），它把角位移或直线位移转换成电信号。

   A. 光电传感器　　　　　　B. RFID　　　　　　C. 主轴脉冲发生器　　D. 编码器

   **答案：D**

2. 以下不属于编码器结构的是（    ）。

   A. 感光元件　　　　　　B. 读数头　　　　　　C. 旋转盘　　　　　　D. 计数器

   **答案：B**

3. 对编码器工作原理描述正确的是（    ）。

   A. 根据脉冲的数目测旋转角度　　　　　　B. 根据相位判别转向

   C. 每转产生一个零位脉冲信号　　　　　　D. 用于主轴准停

   **答案：ABCD**

4. （    ）数控车床用电主轴是高档数控机床用的主轴，功能和性能有大幅度提升，因此不需要再使用编码器实时反馈技术参数。

   **答案：F**

5. 以下正确描述编码器在数控加工中承担的作用的是（    ）。

   A. 主轴负载　　　　　　　　　　　　　　B. 螺纹加工切削

   C. 导轨滑块副的进给量检测　　　　　　　D. 主轴回转精度检测

   **答案：BC**

# 参 考 文 献

［1］赵莹. 数控车床操作工岗位手册 ［M］. 北京：机械工业出版社，2014.

［2］严峻. 数控机床安装调试与维护保养技术 ［M］. 北京：机械工业出版社，2010.

［3］付承云. 数控机床安装调试及维修现场实用技术 ［M］. 北京：机械工业出版社，2011.

［4］刘朝华. 数控机床装调实训技术 ［M］. 北京：机械工业出版社，2017.

［5］赵莹. 加工中心操作工岗位手册 ［M］. 北京：机械工业出版社，2015.

［6］方腾. 加工中心换刀机械手动力学特性研究 ［J］.

［7］于宝地. 基于高精度标准齿轮和蜗杆传动的新型分度台的研究 ［J］. 工程科技Ⅱ辑.

［8］彭伟，王宝和，邵璟. 增减材复合机床开发及应用研究项目 ［J］. 世界制造技术与装备市场，2018（04）：47-50.

［9］杜超. 五轴机床转摆主轴头系统动力学建模方法与变动态特性研究 ［D］. 西安：西安交通大学，2017.

［10］李焱. A/C 轴双摆角铣头发展现状与关键技术：机械设计与制造 ［J］. 2011.

［11］刘磊，杨庆东. 几种双摆式铣头的结构分析及精度保持性研究 ［J］.

［12］机械制造与自动化，2009.

［13］MAREK. Konstrukce CNC obráběcích strojů. Vyd. 2, přeprac., rozš. Praha：MM publishing，2010.

［14］李粉霞，张涛. 多轴加工项目化教程 ［M］. 北京：北京理工大学出版社，2021.

附图纸十:齐齐哈尔机床厂的万能铣头

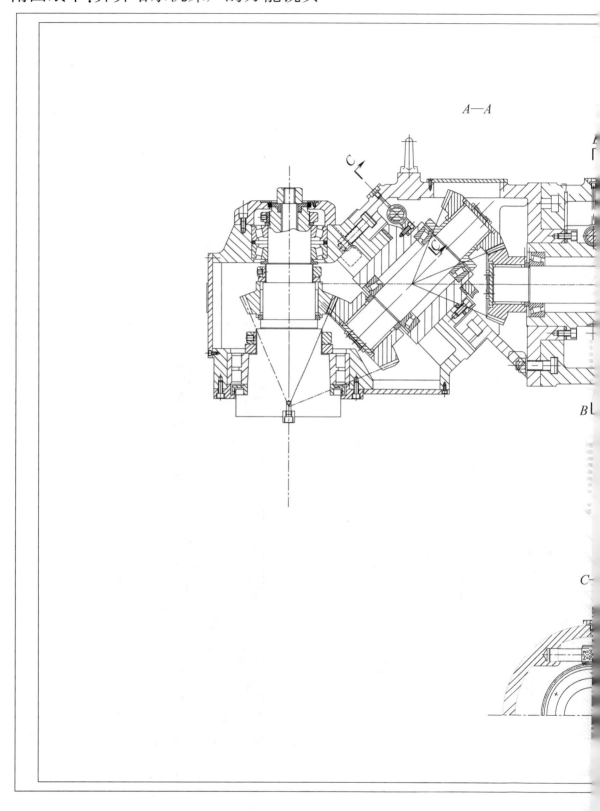

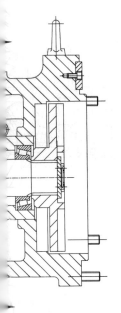

$B—B$

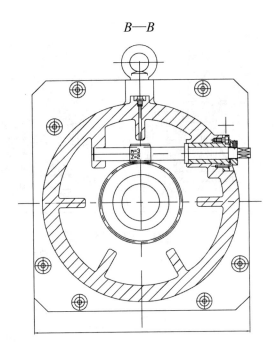

m=3
Z=2

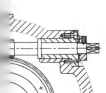

技术要求:
无润滑点的各处轴承在装配
时要充满锂基润滑脂

| 设 计 | 工艺师 | 万能铣头装配图 | 比 例 | 1：2 |
|---|---|---|---|---|
| 检 图 | 审 查 | | 日 期 | |
| | | WX25/Z60型 | 第 1 张 | |
| | | | 001 | |